目で見てわかる

良い溶接・悪い溶接の見分け方

Visual Books
ビジュアル・ブックス

安田 克彦 ———— 著
Yasuda Katsuhiko

日刊工業新聞社

はじめに

ものづくり作業で作り出される製品に求められる品質は、①製品の使用目的を満足させる機能を有していること、②製品として成り立つための寸法精度が確保されていること、③製品に求められる強度が得られていること、の3点です。そこで、これらの品質を保証するため、各種の試験が行われ、得られた試験結果で製品としての合否を判定する検査が行われます（このように、本来、試験と検査は別のものになります）。

製品の機能品質や寸法品質については、製品を壊さないで判定可能な非破壊試験による判定が可能です。一方、製品の強度品質に関しては、製品状態で破壊させ強度を確認することは難しく、さらに適切に品質を判定できる試験方法の設定（どのような試験方法を採用し、どの程度の試験結果で合否を判定するのか）自体も非常に難しい問題です。したがって、過剰品質とならず壊れることのない製品づくりを行うには、JISやISOなどの規格を参考に、製品に関する周辺情報を十分に収集し精査して試験計画を作成、実施することが必要となります。

いずれにせよ、製品の適確な品質保証を行うには、適用する試験の方法を知っておくだけでなく、得られた試験結果がどのような意味を持つのかを十分に理解しておくことが重要です。

本書では、こうした試験、検査が製品製作に効果的に利用されている「溶接を利用するもの

づくりを」中心に、写真や図表に説明を加えることで、試験の方法をわかりやすく解説しています（他の分野で、こうした試験、検査の導入を考えていく場合のヒントにもなります）。加えて、個々の試験で得られる結果がものづくり製品に対し、どのような意味を持つかを周辺情報の写真や図表を引用することでわかりやすく解説しています。本書が、現場で製品づくりに携わる皆さんに役立てていただければ幸いです。

2016年2月　　　　　　　　　　　　　　　　　　　　　　安田克彦

溶接中では判断できなかった溶接部への欠陥発生を「溶接部の非破壊検査」で確かめ、その存在による製品強度への影響を「破壊試験」で調べ、製品に求められる強度の製品づくりや製品の補修法について学んでいきましょう。

目で見てわかる「良い溶接・悪い溶接の見分け方」―目次

はじめに　　　　　　　　　　　　　　　　　　　　　1

第1章　溶接欠陥の種類と試験・検査法

　　　　1-1　溶接で発生する欠陥　　　　　　　　　　8
　　　　1-2　代表的な溶接欠陥と試験方法の関係　　　　9

第2章　非破壊試験
（製品を壊さないで材料や溶接部の欠陥を調べる）

　　　　2-1　試験方法と試験技術者　　　　　　　　　16
　　　　2-2　外観試験と試験結果の利用　　　　　　　18
　　　　2-3　微小な材料表面の割れやキズを検出する
　　　　　　　浸透探傷試験　　　　　　　　　　　　22
　　　　　　　(1)浸透探傷試験の特徴　　　　　　　　22
　　　　　　　(2)浸透探傷試験の試験手順　　　　　　24
　　　　2-4　材料の磁性を利用する磁粉探傷試験　　　28
　　　　2-5　X線などを利用した放射線透過試験　　　32
　　　　　　　(1)放射線透過試験の特徴　　　　　　　32
　　　　　　　(2)放射線透過試験の試験手順　　　　　34
　　　　　　　(3)X線透過試験フィルムの評価　　　　38
　　　　2-6　溶接部の放射線透過試験結果の評価　　　42
　　　　2-7　溶接部の放射線透過試験結果と
　　　　　　　曲げ試験結果の比較　　　　　　　　　46
　　　　　　　(1)微小欠陥　　　　　　　　　　　　46
　　　　　　　(2)ビード重なり不足による浅い凹み欠陥　48
　　　　　　　(3)先行ビードクレータの黒い凹み欠陥　48
　　　　　　　(4)ビード止端部のスジ状欠陥　　　　　50

	2-8	超音波を利用した探傷試験	52
		(1)超音波をキズの探傷に利用する	52
		(2)超音波探傷試験によるキズの検出と位置の判定	55
		(3)超音波探傷試験の試験手順	58
	2-9	溶接部の気密試験	62
		(1)容器の気密度を確認する	62
		(2)欠陥部から吸い込まれるガスを検出する方法	63
		(3)圧力の差を利用する「圧力変化法」	63
	2-10	溶接部の分析試験	66
		(1)材料の成分や組成を知る方法	66
		(2)成分分析結果の利用	69
	2-11	その他の試験方法	74
		(1)過電流探傷試験	74
		(2)厚さ試験	74
		(3)応力検出試験	76
		(4)アコースティック・エミッション(AE)試験	76
		(5)新しい試験方法の利用	78

第3章　破壊試験
（破壊して材料や溶接部の性能を調べる）

	3-1	火花で見きわめる火花検査	80
		(1)火花試験の手順	80
		(2)炭素鋼の炭素量と火花の発生状態	80
	3-2	熱処理の妥当性などを確認する金属材料の組織検査	83
		(1)組織試験の手順	83
		(2)試験結果の利用	86
	3-3	機械的性質と密接な関係がある硬さ試験	87
		(1)各種の試験方法	87

　　　　(2)試験結果の利用　　　　　　　　　　　90
　　3-4　材料の引張強さや破断する過程を調べる
　　　　引張試験　　　　　　　　　　　　　　94
　　　　(1)引張試験の手順　　　　　　　　　　94
　　　　(2)応力ひずみ線図　　　　　　　　　　95
　　　　(3)試験結果の利用　　　　　　　　　　96
　　3-5　変形部で割れ発生などを観察する曲げ試験　98
　　　　(1)曲げ試験の方法　　　　　　　　　　98
　　　　(2)曲げ試験でのひずみ量と試験結果の
　　　　　利用　　　　　　　　　　　　　　　100
　　3-6　材料の張出し成形性を評価する張出し試験　102
　　　　(1)張出し試験の手順と試験での変形特性　102
　　　　(2)試験結果の利用　　　　　　　　　105
　　3-7　材料のクリープ特性を調べるクリープ試験　107
　　　　(1)クリープ試験の手順　　　　　　　108
　　　　(2)試験結果の利用　　　　　　　　　108
　　3-8　材料のもろさ(ぜい性)を調べる衝撃試験　110
　　　　(1)衝撃試験の手順　　　　　　　　　110
　　　　(2)衝撃試験による試験結果　　　　　110
　　　　(3)試験結果の利用　　　　　　　　　112
　　3-9　各種部材の疲労強さを調べる
　　　　疲労破壊試験　　　　　　　　　　　115
　　　　(1)疲労破壊試験の手順　　　　　　　115
　　　　(2)破断面とS-N曲線　　　　　　　　116
　　　　(3)試験結果の利用　　　　　　　　　118

第4章　溶接検査における不良品の処置

　　4-1　不合格品の処置と補修　　　　　　　120
　　　　(1)不合格製品の処置　　　　　　　　120
　　　　(2)各種欠陥の補修溶接　　　　　　　121
　　　　(3)補修溶接後の処置　　　　　　　　123

4-2　フラックス入り複合ワイヤ使用半自動溶接での
　　　特異欠陥発生防止対策事例　　　　　　　124
　　(1)フラックス入り複合ワイヤによる特異欠陥　124
　　(2)特異欠陥が継手溶接に及ぼす影響　　　　126
　　(3)特異欠陥発生に対する溶接条件の影響　　128
　　(4)特異欠陥の発生メカニズムと
　　　　その発生の防止策　　　　　　　　　　130
4-3　鋼構造物の柱梁接合部での
　　　欠陥発生防止対策事例　　　　　　　　　132
　　(1)フラットバー裏当て金溶接の問題点　　　132
　　(2)フラットバー裏当て金溶接問題点の
　　　　解決法　　　　　　　　　　　　　　　134
　　(3)歯付き裏当て金溶接の効果　　　　　　　134
　　(4)歯付き裏当て金溶接による
　　　　ルート部組織の改善効果　　　　　　　136
　　(5)歯付き裏当て金溶接における
　　　　ガス抜き効果　　　　　　　　　　　　138
　　(6)歯付き裏当て金溶接の改良　　　　　　　140

参考文献　　　　　　　　　　　　　　　　　141
索引　　　　　　　　　　　　　　　　　142

第1章 溶接欠陥の種類と試験・検査法

1-1 溶接で発生する欠陥

　溶接作業においては、溶接部に特有の欠陥（溶接欠陥）を発生し、製品品質を低下させます。ただ、溶接を利用するものづくりにおいての良い溶接は、外観的に満点で無欠陥であることでなく、製品に求められる品質を満足させる状態に仕上げられていることです。そこで、製品に求められる品質を保障するため、溶接部に対し、いろいろな試験が行われます。試験は、「非破壊試験」と「破壊試験」に大別され、非破壊試験では材料や溶接部に発生している欠陥が検出されます。

　一方、破壊試験では、発生している欠陥が製品の強さにどのように影響するかが製品素材との比較で求められます。すなわち、溶接を利用するものづくりにおいては、それぞれの試験の特徴と得られる結果のもつ意味合い、結果の利用法を関連性のある知識として理解しておくことが必要となります。

　そこで、ここでは後に詳しく述べる各試験方法を理解しやすくするため、代表的な溶接欠陥と、個々の試験方法との関係の概要を紹介します。

1-2 代表的な溶接欠陥と試験方法の関係

（1）溶接ビード余盛りの過大、不足

①発生原因と対策：

　余盛りの過大（図1-1(a)、図1-2(a)）は溶融池の大きさに対し熱源の移動速度が遅い、逆に不足（図1-1(b)、図1-2(b)）は熱源の移動速度が速いなど（適正速度の溶接で対応します）。

②強度への影響：

　余盛りの過大はビード止続部での荷重（応力）の集中による疲労強度低下、不足は肉厚不足による強度低下などに影響します。

③主な検出方法：

　外観試験によります。

（2）アンダーカット

①発生原因と対策：

　突合せ溶接の場合は、熱源の移動速度の速過ぎやビード幅方向への移動幅の不足など（適切な熱源操作で対応します）。すみ肉溶接の場合は、

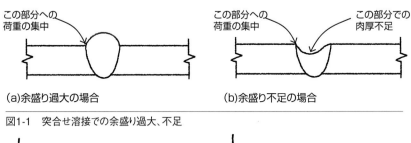

図1-1　突合せ溶接での余盛り過大、不足

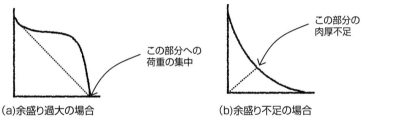

図1-2　すみ肉溶接での余盛り過大、不足

熱源の広がり過ぎや垂直材側への熱源の偏り、移動速度の速過ぎなど（適切な熱源操作で対応します）。
②強度への影響：
アンダーカット底部分への荷重（応力）の集中（図1-3、図1-4）による疲労強度低下や深くて長い場合は、肉不足による強度低下などに影響します。
③主な検出方法：
外観試験によります。

（3）オーバーラップ
①発生原因と対策：
溶融池の大きさに対し熱源の移動速度が遅いなど（適切な熱源操作で対応します）。
②強度への影響：
オーバーラップ止続部での荷重（応力）の集中による疲労強度低下などに影響します（図1-5）。
③主な検出方法：
外観試験によります

（4）ピット、ブローホール
①発生原因と対策：
シールドガスの不足や風などによるシールド不足、溶接部への水素の混入など（適切なシールド状態の確保、溶接部の清浄処理などで対応します）。
②強度への影響：
発生個数が極端に多い場合は、荷重に対応する断面の面積不足による強度低下などに影響します（図1-6）。
③主な検出方法：
表面開口のピット（外観試験によります）、内部のブローホール（放射線透過試験によります）

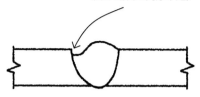

図1-3 突合せ溶接でのアンダーカット　　図1-4 すみ肉溶接でのアンダーカット

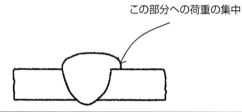

図1-5 突合せ溶接でのオーバーラップ

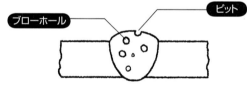

図1-6 突合せ溶接でのピット、ブローホール

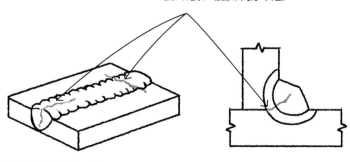

図1-7 突合せ溶接での割れ　　図1-8 すみ肉溶接での割れ

（5）割れ
①発生原因と対策：
　低融点化合物の形成やぜい化部の発生など（低融点化合物形成の場合は適正溶加材の使用、ぜい化部の発生に対しては適正溶加材の工夫や予熱、後熱などの利用で対応します）
②強度への影響：
　疲労強度の低下（深くて長い場合は強度低下）などに影響します（図1-7、図1-8）。
③主な検出方法：
　表面開口の割れは浸透（磁気）探傷試験、外観試験、内部割れには超音波探傷試験によります。

（6）溶け込み不足
①発生原因と対策：
　開先形状に対する入熱不足や熱源位置の不良など（溶接条件の適正化や熱源位置を近づける工夫で対応）。
②強度への影響：
　各止端部での荷重の集中による疲労強度の低下（深くて長い場合の肉厚不足による強度低下）など（図1-9）。
③主な検出方法：
　超音波探傷試験、放射線透過試験によります。

（7）融合不良
①発生原因と対策：
　入熱不足や熱源操作不良など（溶接条件の修正と適切な熱源操作で対応します）。
②強度への影響：
　接合面積不足による強度低下などに影響します（図1-10）。
③主な検出方法：
　超音波探傷試験によります。

（8）スラグ巻き込み
①発生原因と対策：

溶接箇所への鋭い形状の溝や段差の発生と不適切な熱源操作など（溝や段差の除去と適切熱源操作で対応します）。

②強度への影響：

面方向、板厚方向のいづれの断面についても、接合面積不足による強度不足などに影響します（図1-11）。

③主な検出方法：

放射線透過試験によります。

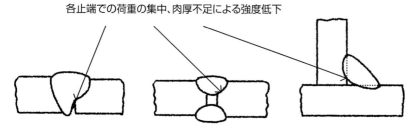

図1-9　突合せ溶接、すみ肉溶接での溶け込み不足

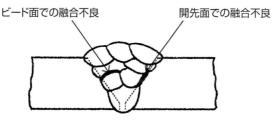

図1-10　突合せ溶接での融合不良

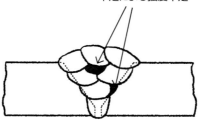

図1-11　突合せ溶接でのスラグ巻き込み

第2章

非破壊試験
(製品を壊さないで材料や溶接部の欠陥を調べる)

②-① 試験方法と試験技術者

　製品の適確な品質保証を行うための試験方法には、非破壊試験と破壊試験があります。それぞれの方法で試験や検査を行う場合、引張り試験などの破壊試験については特段の資格は必要とされません。ただ、適切で安全な試験を行い適確な判定を行うには、試験方法や試験結果などについて十分に使いこなせる知識にしておくことが必要です。

　一方、非破壊試験に関しては、非破壊試験技術者資格をもっておくことが求められます。

　非破壊試験技術者資格は、表2-1に示す非破壊試験法の一種、あるいは数種の方法に関し、一定の訓練と経験の条件をクリアした上で、学科と実技の認証試験に合格することによりレベル1〜3の3段階レベルで認証されます。

　「レベル1」では検査の指示書にしたがい、使用する機器の調整および校正を含め正しい使い方ができ、機器を使って試験し試験データを記録として残すことのできる能力が求められます。「レベル2」では、試験体に対し適切な試験方法が選択でき、さらに試験結果の判定、仕様書に基づいた作業条件の決定および指示ができる能力が必要です。さらに、「レベル3」では、非破壊試験技術全般を計画、指導、統括できる高い能力が求められます。

　なお、各レベルでの試験の内容は、レベル1では、各試験方法に関する一般知識試験と選択する試験方法の手順書や、規格に関する学科試験と選択した試験方法での上述の作業能力が満たせる実技試験が課せられます。また、レベル2では、学科、実技ともレベル1の内容に加え、試験結果の判定ならびに仕様書に基づいた作業条件の決定、および指示能力を求める内容が付加されます。

　レベル3では、レベル2の資格を有した上で材料や製造技術に関する知識、非破壊試験の認証にかかわるしくみや計画に関する知識、異なる4種の非破壊試験方法に関する知識についての試験に合格することが必要となります。図2-1は、放射線透過試験フィルムによる判定作業です。

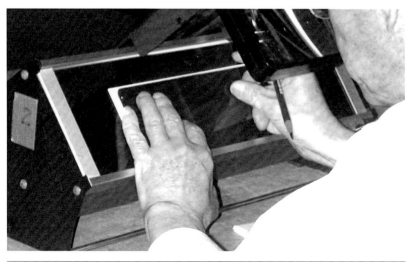

図2-1　放射線透過試験フィルムによる判定作業

表2-1　非破壊試験技術者資格の受験で必要とされる訓練時間と経験月数

試験方法			必要な訓練時間			
非破壊試験方法	略語		レベル1	レベル2	レベル3	
アコースティック・エミッション試験	AT		40(3)	64(9)	48(18)	
過電流探傷試験	ET		40(3)	48(9)	48(18)	加圧による洩れ試験の場合
赤外線サーモグラフィ試験	TT		40(3)	80(9)	40(18)	
漏れ試験	LT	B	24(3)	32(9)	32(18) ←	
		C	24(3)	40(9)	40(18) ←	トレーサーガスを使用する場合
磁気探傷試験	MT		16(1)	24(3)	32(12)	
浸透探傷試験	PT		16(1)	24(3)	24(12)	
放射線探傷試験	RT		40(3)	80(9)	40(18)	
ひずみゲージ試験	ST		16(1)	24(3)	20(12)	
超音波探傷試験	UT		40(3)	80(9)	40(18)	
外観試験	VT		16(1)	24(3)	24(12)	

非破壊試験技術者レベル1資格では、指示書に従った作業ができること、レベル2資格では製品に応じた試験方法の選定、仕様書に基づく作業条件の決定や指示ができること、レベル3資格では試験全般を計画、指導、統括できることが必要です。

②-② 外観試験と試験結果の利用

　外観試験は、作業者が材料表面や製品表面に存在するキズや欠陥を、目視（キズの大きさやキズの種類によっては拡大鏡や図2-2に示す内視鏡などを使用して行います）で見つける、きわめて手軽で簡便な試験方法です。とはいえ、熟練した作業者による試験では、短時間で正確なチェックが行われ、ものづくり製品の品質管理においては不可欠な試験方法でもあるのです。

　試験結果の利用とは、たとえば、ろう付けした製品の接合部の外観試験では、図2-3のように基準となる良好な製品の外観状態に、①図2-4のように接合部に対し、局部的なろう材の流れ込み不足がある場合（局部的な接合部の加熱不足が原因で発生）、②図2-5のように接合部周辺に過大なろう材の残留がある場合（接合部の加熱状態に比べ優先してろう材が加熱され溶融し、添加されたことが原因で接合部へのろう材の流れ込み不足を発生）、③図2-6のようにろう材やフラックスの焼損部がある場合（局部的な加熱過剰が原因で、フラックスの焼損部ではろう材の流れ込み不足、ろう材の焼損部では接合部の強度低下を発生）、など

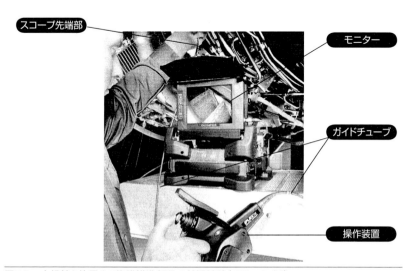

図2-2　内視鏡を使用する複雑構造製品の外観試験（オリンパス㈱）

をチェックすることで、欠陥の発生状態や外観的には見ることのできない接合部内へのろう材の流れ込み不足などが判定できます。これらの接合不良は、はんだ付け製品でもほぼ同様の形で見られ、接合強度の低下だけでなく、気密性など製品機能を満たさない欠陥にもなります。

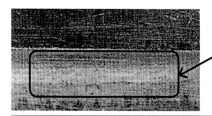

適切な材料の加熱と、ろう材の添加操作でろう材が接合部全体に薄く広がり、材料と良好になじんでいます（外観試験での良好な状態は、ろう材のこうした外観状態で判定します）。

図2-3　良好なろう付け結果

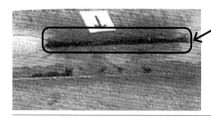

局部的な加熱不足、あるいはろう材の添加ミスで、接合部全体へのろう材の流れ込みが不足しています（外観試験では、こうした欠陥の発生とその発生原因の確認が可能となります）。

図2-4　局部的なろうの流れ込み不足結果

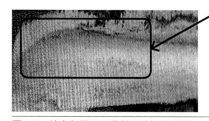

材料の加熱状態に対し、余分なろう材が加熱溶解されたため、素材にろう材がなじんでいません（こうした状態を外観試験で判断します）。

図2-5　結合部周辺の過剰ろう材添加結果

接合部の加熱過剰（オーバーヒート）でフラックスが黒く焼損してしまったため、ろう材が接合部にうまく流れず、ろう材も焼け本来の光沢を失っています（こうした色の変化も外観判定の指針となります）。

図2-6　局部的な加熱過剰のろう付け結果

また、チタン材の溶接や熱加工においては、表2-2に示すように、大気中での600℃以上の加熱による酸化で、材料表面が変色（材料表面に非常にもろい赤紫や白色の酸化物を形成することで変色）、製品強度を低下させます。

　また、図2-7のような切り欠き状のキズ（ケガキ線程度の切り欠き状の傷も割れや材料の破断の発生につながります）を外観試験で見つけます。

　こうした外観検査による欠陥の検出は、単に欠陥の有無や個数を見きわめるだけでなく、欠陥の特徴を的確に把握できるような測定方法を工夫しできるだけ数値化することが望まれます。

　そのため、図2-8に示すように測定部の形状に合わせた台座にダイヤルゲージを取り付けたものを工夫するなどの方法が考えられます。さらには、ダイヤルゲージを多関節ロボットに搭載するなどの工夫で、大型製品の必要部分の計測が可能になります。

　さらに、検出すべき欠陥の程度と、それが製品強度に与える影響から、製品品質として求められる欠陥の限界を明確に設定、限界値を簡便にチェックできる図2-9のような製品形状に合わせた限界ゲージなどを製作し、確実でより効率的な目視検査を可能にしておくことも必要でしょう。

表2-2　チタン材の大気中加熱による変色ならびに性質変化

加熱温度(℃)	表面変色	曲げ性能
～300	銀色割れなし	割れなし
300～400	金色	割れなし
400～600	青色+紫色	割れなし
600～700	紫色	割れ少数
700～800	虹色+白色	割れ多数
800以上	灰白色	破断

この温度域の加熱で、材料表面は酸化による変色とともに材料自体がもろくなり、曲げ試験で割れを発生しています（このように色の変化で製品の合否が判定できます）。

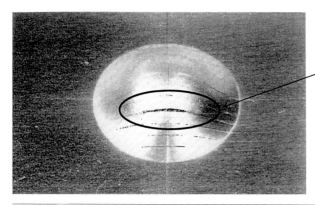

図2-7 チタン材のケガキ線からの割れ発生

チタン材料では、ケガキ線程度の切り欠き状態のキズでも、この部分に力が加わると割れや破断を生じてしまいます(外観試験では、材料特有の性質を示す欠陥やキズの確認にも注意が必要です)。

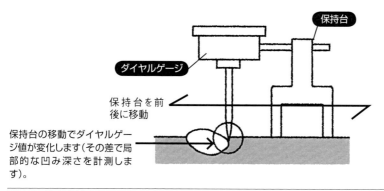

保持台の移動でダイヤルゲージ値が変化します(その差で局部的な凹み深さを計測します)。

図2-8 補助脚付きダイヤルゲージ測定具例

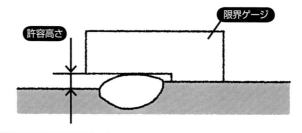

測定部の形状に合わせた切込みを加工することで、限界値に対する合否や限界値に対する差の目安値が確認できます。

図2-9 製品の形状に合わせた限界ゲージ例

②-③ 微小な材料表面の割れやキズを検出する浸透探傷試験

(1) 浸透探傷試験の特徴

　浸透探傷試験は、材料表面に開口している目視では発見できないような微小な割れやキズを検出する方法です。この試験方法では、図2-10のように表面張力が小さく、毛細管現象でわずかな隙間まで浸み込む浸透液を開口している欠陥内に浸み込ませ、その後に表面の浸透液を除去し、浸み込んだ浸透液の残存状態で欠陥の存在を確認します。

　浸透探傷試験では、図2-11のように浸透剤をハケ塗りする方法や、浸透剤内に試験材を浸漬する方法もありますが、一般的には保管や管理が容易で、使用法が簡便であるスプレー式の方法が多く利用されます。

表面張力の小さい浸透剤をキズや欠陥に十分に浸み込ませた後、表面の浸透剤を除去します。

検査面に現像剤を散布します。

残留している浸透剤を現像剤に浸み出させ、その浸み出しの状態でキズの存在を確認します。

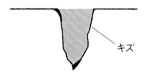

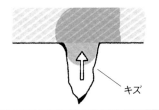

図2-10　浸透探傷試験の欠陥検出メカニズム

(a)ハケ塗り法　　(b)浸漬法　　(c)スプレー法

スプレー法は浸透剤の保管が容易で簡便に使用でき、広く利用されます。

図2-11　各種浸透剤の塗布方法

浸透探傷試験法には、図2-12(a)に示す一般的な浸透剤（通常は赤色のもの）を使用する方法と、同図(b)に示す蛍光を発する蛍光浸透剤を用いる方法があります。蛍光浸透剤を用いる蛍光浸透探傷法は、暗所で紫外線照射灯（ブラックライト）を当て、クリアな欠陥観察ができることから、繰り返しの荷重で自動車部品やジェット機部材などに発生する初期微小割れの検出に有効となります（図では、(a)の着色浸透剤使用の場合の方が(b)の蛍光浸透剤使用の場合に比べ、クリアな検出結果となっていますが、これは(b)の写真撮影が暗所であったことで色の差異がつきにくくなったためです）。

浸透探傷試験法では、表2-3にも示すように、①金属材料だけでなく各種材料に適用できる、②電気や水道のない現場でも簡便に利用できる、③各種構造物や大型製品のキズや欠陥の検出に広く利用できる、などの長所がある一方で、①検出できる欠陥が表面に開口しているものに限ら

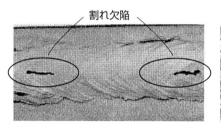

(a)着色浸透剤使用の場合　　(b)蛍光浸透剤使用の場合

(b)の写真撮影が暗所であったため、(a)に比べ劣った検出結果となっていますが、目視では(b)の方がクリアに観察されます

図2-12　浸透剤の違いによる欠陥検出の差違

表2-3　浸透探傷試験法の利点と欠点

利点	各種材料に適用できる
	現場で各種構造物や大型製品のキズや欠陥の検出ができる
欠点	検出できる欠陥が表面に開口しているものに限られる
	欠陥指示模様の判定に経験と熟練が必要

れる、②欠陥指示模様の判定に経験と熟練が必要である、といった欠点があります。なお、試験実施上の安全に関しては、探傷剤のほとんどが油性の可燃性物質であることから、火災予防に対する注意が必要で、各試験剤を体内に吸引しないよう注意します。

浸透探傷試験による試験の評価は、発生している欠陥を、
①割れ欠陥
②割れ以外でその長さが欠陥幅の3倍を超える線状欠陥陥
③円状欠陥
の3種に分け、それぞれの大きさを測定し評価します（欠陥分布のスケッチ図などで記録し、評価に利用する方法などもきわめて有効です）。

（2）浸透探傷試験の試験手順

一般的なスプレー式染色浸透剤を用いる場合の基本的な浸透探傷試験は、次に示す手順で行います。

①「洗浄剤による洗浄処理」

図2-13のように洗浄剤スプレーを試験材表面に一様に吹き付けた後、しばらくこの状態で保持します。洗浄剤が表面および欠陥内部に付着している油や汚れを十分溶け込ませました後、この油や汚れを溶け込ませた洗浄剤をウエスあるいはペーパータオルで確実に拭き取り、ドライヤーなどで乾燥させ、試験体表面を清浄するとともに欠陥内を空洞にします。

②「浸透剤の浸透処理」

図2-14のように、洗浄した試験体の試験対象表面部に浸透剤スプレー容器ノズルを近づけて吹き付け、その後、欠陥内部に浸透剤が十分浸透するよう一定時間放置します（この時、表面の浸透剤が乾くようであれば、追加して浸透液を吹き付けます）。

③「洗浄剤による浸透剤の除去処理」

図2-15のように傷の内部に浸透液が残る程度に、①で使用したのと同じ洗浄剤を含ませたウエスなどで表面の余分な浸透液を拭き取ります。ウェスなどに洗浄剤を含ませ、その洗浄剤を含ませたウエスでキズ内部の浸透剤が残るよう表面の余分な浸透剤を拭き取ります。

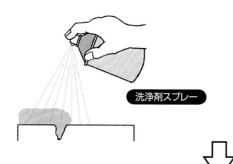

欠陥発生が予想される試験体表面に洗浄剤スプレーノズルを近づけ、欠陥内にも洗浄剤が入り込むよう吹き付けます。

欠陥内の不純物が完全に洗浄剤に溶け込むのを待って、表面ならびに欠陥内の不純物を含んだ洗浄剤をウエスなどで完全に拭き取ります。

欠陥内の不純物を含んだ洗浄剤まで拭き取ります。

図2-13　洗浄剤による洗浄処理

浸透剤スプレー容器ノズルを近づけ欠陥内部に浸透剤がよく浸透するよう強く浸透剤を吹き付けます。

ここがポイント！

浸透剤が欠陥内に十分浸透するよう一定時間放置します（この時、表面の浸透剤が乾くようであれば、追加して浸透剤を吹き付けます）。

図2-14　浸透剤の浸透処理

ウエスなどに洗浄剤を含ませ、その洗浄剤を含ませたウエスでキズ内部の浸透剤が残るよう、表面の余分な浸透剤を拭き取ります。

図2-15　洗浄剤による浸透剤の除去処理

④「現像剤による現像処理」

　図2-16のように、現像剤スプレーを30cm程度離れた位置から試験対象表面部に薄く均一に塗布し、キズ内部の浸透剤が現像剤の薄膜に染み出してくる状況（浸透指示模様）を観察することで欠陥を見出します（見出した欠陥を種別や大きさを記録します）。

⑤「後処理」

　試験体表面に付着している現像剤を、乾いたウエスでよく拭き取り十分に除去します（たわしなどでこすり落とすのもよいでしょうし、より確実に除去するには溶剤あるいは水などで洗浄します、この場合、洗浄後の乾燥および防錆処置にも配慮が必要です）。

　なお、試験前には、使用する機材についてその機能の確認を行います。この場合、①割れ確認のための標準試験片は、表面にニッケルクロムめっきした黄銅板に引張り力を加えて割れを確実に発生させた試験片（感度は、めっき厚さを変化させて割れ深さの違ったものを用いて行います）、②円状欠陥確認のための標準試験片は、ステンレス鋼表面に熱処理で硬くしためっき層を形成させ、めっき層に2～8kNの荷重でビッカース硬さ試験の微小圧痕を付けた試験片（感度は、荷重の大きさの違いによる圧痕の大きさで行います）を用います。ただ、確認だけであれば、表面に開口した割れのある試料で行ってもよいでしょう。

　図2-17は黄銅板にニッケルクロムめっきした板材に引張り力を加えて確実に複数の割れを発生させたものを標準試験片とし、使用する浸透剤などの性能を確認します（感度は、めっき厚さを変化させて割れ深さ変化させたものを用いて行います）。

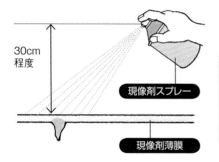
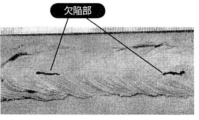

試験対象表面部に現像剤スプレーを30cm程度離れた位置から薄く均一に塗布し、右の写真のようにキズ内部の浸透液が現像剤の薄膜に染み出してきた状況を観察することで欠陥を見出し、種別や大きさを記録します。

図2-16　現像剤による現像処理

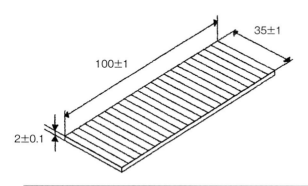

図2-17　浸透探傷試験用の標準試験片例

②-④ 材料の磁性を利用する磁粉探傷試験

　磁粉探傷試験は、材料の磁性を利用し、②-③項で示した浸透探傷試験と同じように、表面に開口したキズや欠陥を見出す試験法です。

　磁性を示す鉄鋼材料などを磁化すると、その材料内の極間に磁力線が形成されます。この時、表面付近が均一で平坦な材料であれば図2-18のように磁力線の乱れはなく、規則正しく並んだ一様のものとなります。

　ただ、表面にキズがあればキズの間に極ができ、この極と極の間に集中する磁束も形成されます。そこに微量の磁性をもつ粉末（一般的には酸化鉄の微粉末を使用）を投入すると、集中した磁束部に図2-19のように微粉末が集まり、キズの存在が検出できるようになります（これが磁粉探傷試験です）。

　なお、磁粉探傷試験は、表2-4のような利点、欠点を持ち合わせていますが、特に浸透探傷試験に比べ消耗品が少なく、経済的で装置がポータブル、操作が簡単である特質を活かした表面キズの簡易的な検出に利用されています。

表2-4　磁粉探傷試験の特徴

利点	装置がポータブルで操作が簡単、消耗品が少なく経済的
	表面から浅い位置であれば開口していないキズも検出できる
欠点	磁性のない材料には適用できない
	試験後、付着した鉄粉を除去する清掃作業が必要

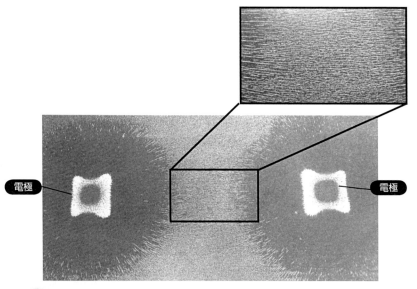

 ここがポイント！ 左右の通電用電極(下の写真の白い部分)に電気を流すと、平坦な鋼板表面には、中央部は直線的に、外側になるにしたがって曲線に規則的な磁場を形成します。

図2-18　キズの無い鋼板表面に磁場を形成させた場合の磁束の分布状態

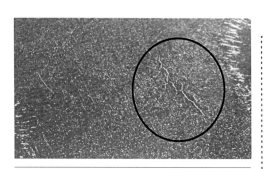

図2-19　割れ欠陥部への磁粉の集まり状態

 ここがポイント！ 鋼板表面の割れ(図中の枠内の白線部)の存在による局部的な極の発生で、磁粉が割れ近辺に集まり、割れ欠陥の検出ができます(なお、写真では、白色磁粉を用いており、磁粉の集中した箇所が白く見えます)。

一般的な100V交流を用いる磁粉探傷試験器による試験は、
① 試験器を100V交流につなぎ、キズの発生が考えられる部分に直角となるよう試験器をセットします。
② 試験部に磁性微粉末またはその混合液を薄く一様に塗布します。
③ 試験機の電源スイッチを押し、磁場を形成させます。
④ 磁性微粉末が局部的に集まった箇所がキズ位置となります（キズが明瞭に現れない場合は、キズに対し直角に試験器が設定されていないことが考えられ、試験器の設定角度をいろいろに変化させて試してみましょう）
といった手順で行います（図2-20）。

なお、こうした磁粉探傷試験用機材の機能確認には、電磁軟鉄の中央に7〜60μm深さの10mmφ穴、あるいは6mm長さの人口溝状傷を加工した標準試験片でキズが確実に確認されることで行います（感度の良い試験を必要とする場合は深さの浅いキズの試験片を使用）。これによって得られる試験結果は、浸透探傷試験法の場合と同様に行います。

磁粉探傷試験は磁性のない材料には適用できませんが、特に操作が簡単で経済的であることで、手軽な表面キズの検出に有効です。

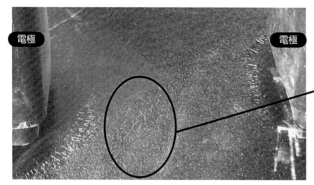

(a) キズに対し45度に設定した場合

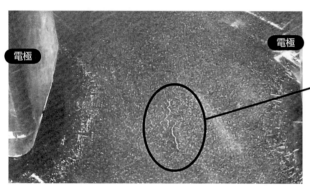

(b) キズに対し90度に設定した場合

図2-20 キズ(割れ)に対する磁粉探傷試験器の設定角度の影響

② - ⑤ X線などを利用した放射線透過試験

(1) 放射線透過試験の特徴

　放射線透過試験法は、物体を透過する性質の大きい放射線を試験体に照射、透過した放射線を反対側に配置したフィルムで検出して可視化し、その画像から内部の欠陥などを検出する方法です。

　X線やγ（ガンマ）線などの放射線を試験体に照射すると、たとえば図2-21に示す動物のX線透過試験結果のように、筋肉部に比べ密度が高い骨部分はX線の透過量が少なく白く写し出され、逆に空間のある内臓部分はX線の透過量が多く黒く写し出されています（そうです、健康診断で使われるレントゲン検査結果と同じで、工業製品の放射線透過試験結果もまったく同様に撮影されます）。

　ものづくりなど工業的に使用される放射線は、やや出力の大きいX線管を使用する低エネルギーX線と粒子加速器を使用する高エネルギーX線、γ線源を使用するガンマ線に大別されます。一般的に使用される低エ

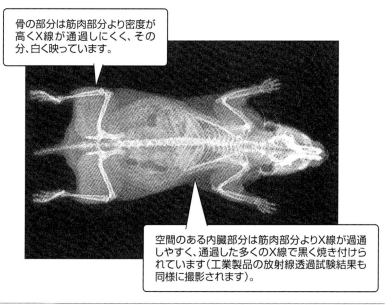

骨の部分は筋肉部分より密度が高くX線が通過しにくく、その分、白く映っています。

空間のある内臓部分は筋肉部分よりX線が過通しやすく、通過した多くのX線で黒く焼き付けられています（工業製品の放射線透過試験結果も同様に撮影されます）。

図2-21　動物の放射線透過試験による撮影フイルム例（アールエフ㈱）

ネルギーのX線は表2-5に示すように厚さのやや薄い製品の検査に、高エネルギーX線やγ線は厚い材料の製品の検査に使用されます。したがって、現地で溶接され移動不可能な板厚の比較的薄い容器製品などの試験には可搬式の低エネルギーX線装置が、板厚の厚い製品の場合は高エネルギーX線やγ線装置が必要になります。

図2-22が、一般的な工業用X線透過試験装置の構成例です。

それぞれは、①現場などにおいてX線発生器（線源）ならびに制御器を露出した状態で設置し、それぞれをケーブルで接続した状態で使用する場

表2-5　各種放射線の透過試験における適用板厚

放射線源	低エネルギーX線(kV)				高エネルギーX線(MeV)	60Co・γ線(MeV)
管電圧	125	200	250	400	2〜15	1.3
適用板圧(mm)	<25	<40	<60	<75	50〜400	20〜150

管電圧が大きく出力エネルギーの高い線源になるほど、板厚の厚い材料まで放射線が透過できるようになり、厚板の試験に利用できます。

さらに出力エネルギーの高い線源では、板厚400mmの材料まで試験できます。

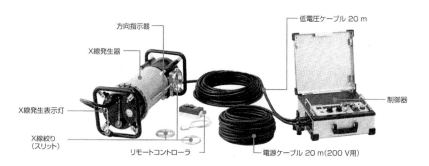

これらの装置は、図中のX線発生器、制御器を露出した状態で使用する方法、X線発生器と撮影用の試験体は保護ボックス内に納め、少し離れた場所の制御器を操作して使用する方法、X線発生器および試験体、制御器を完全密閉された保護ボックス内に納めた状態で使用する方法があります。

図2-22　工業用X線透過試験装置の構成例

合、②X線発生器と撮影用の試験体は保護ボックス内に納め、少し離れた場所に設置された制御器を操作する状態で使用する場合、③X線発生器、試験体、制御器を完全密閉された保護ボックス内に納め、保護ボックス外側のリモートコントローラで操作する場合があります。

いずれにせよ、放射線源自体は電離放射線であり、人体への悪影響が懸念されます。したがって、図2-22を①の状態で使用する場合は、特別な資格を有する作業主任者がいなければ作業を実施することができないなどの法的規制を受けます。

さらに、試験を実施する場合は、管理区域を設けて部外者が立ち入らないように表示を行う必要もあり、同じ区域内で他の作業と同時に行わせないなどの注意が必要です（低エネルギーX線を使用する場合においても、X線発生装置を遮蔽ボックス内に設置するか、使用する装置の管電圧の大きさにより表2-6のように、人とX線発生装置を5〜16ｍ離して操作する必要があります）。

特に、放射線同位元素を用いるガンマ線発生装置を用いる場合は、その保管管理に十分な留意が必要で、移動運搬に際しても届出や表示の申請などが必要になります（X線発生装置を用いる放射線透過試験の場合は、通常の持ち運びに対する規制は受けません）。

ただ、従来のフィルムに撮影する方法では、①消耗品であるフィルムなどが必要、②フィルムの現像時間が必要、③試験結果が平面画像で、キズや欠陥の形状、寸法、種類などしか確認できず、深さ方向の情報が得られない、などの欠点があります。そこで、こうした問題を解決するため、近年、多数のCCDカメラ素子を使用した高解像度で高コントラストの板状記憶媒体（放射線の強さを読み取り、デジタル画像化できる専用装置）が開発され、作業の効率化やデータの自動解析などが可能になっています。

さらに、試験体のそれぞれの位置で精度良く画像化できるマイクロフォーカスX線、試験体を立体的に移動させる装置、データ処理コンピュータとこの板状記憶媒体を組み合わせることで、位置情報や立体形状が得られるX線装置も実用化されています。

（2）放射線透過試験の試験手順

試験装置として低エネルギーX線装置を用いる場合の基本的な放射線

透過試験は、次の手順で行います。
①「安全および装置の確認」
　周辺の安全や安全指示の状態などの確認を行った後、装置およびケーブルの接続状態など装置全体を確認します。
②「装置の電源を入れる」
　図2-23中に示す制御器の電源を入れます（パワーランプが点灯します、なお、電源を入れた後1分間程度待つとよいでしょう）。
③「エージング処理」
　X線管をウオーミングアップさせるエージング処理の操作を行います。まず、図2-23中のX線発生スイッチを押し、管電圧設定ダイアルで低い電圧から数分かけて徐々に使用する電圧程度まで上昇させます（なお、

表2-6　低エネルギーX線で必要とする発生源と制御装置との距離

	定格管電圧(kV)					
	120	160	200	240	280	300以上
必要距離(m)※	5.0	6.5	9.0	11.5	14.5	16.0

※必要距離は、X線源を露出した状態で使用する場合の線源と、制御器を操作する人との間に必要な距離で、管電圧が高く放出される放射線が多くなるほど、この距離を長く離しておく必要があります

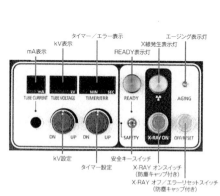

(a) デジタル方式の場合

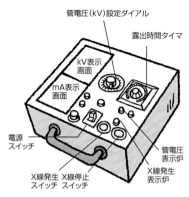

(b) アナログ方式の場合

図2-23　X線装置制御器の構成

エージング操作は、装置を5時間以上休止していた場合に行うことを目安とします)。
④「フィルムホルダへのフィルムの装てん」
　暗室内に入り、安全光の下でフィルムホルダ内の2枚の増感紙の間にフィルムを装てんします(増感紙は露出時間の短縮および撮影画像の画質の改善を図る目的で使用しますが、使用するフィルム感度に見合ったものを選んで使用します)。
⑤「フィルムホルダのセット」
　X線発生装置の入っている照射室に入り、図2-24のようにフィルムとX線発生装置との間が使用する装置の焦点距離(L)となるよう(使用する装置で指定されており、専用の距離設定用治具などを利用する)、かつ長方形照射窓とフィルム方向を合わせた状態でフィルムホルダをセットします。
⑥「試験体、透過度計、階調計のセット」
　フィルムホルダ上にフィルム方向に合わせて試験体をセットし、図2-25のようにJIS条件に適合する透過度計、階調計を試験体上下に置きます(試験体番号とフィルム番号が一致するようフイルムマーク数字も置きます)。
⑦「安全の再確認」
　周囲の人の安全を再度確認した後、照射室のドアをしっかりと閉じます。
⑧「撮影条件の設定とX線撮影」
　制御装置に戻り、使用する装置に示されている図2-26のような露出線図により管電圧(管電流は管電圧により決まります)、照射時間条件を求め、それぞれの条件を図2-23のダイアルでセットし、X線発生ボタンを押します(X線発生ランプが点灯した2～3秒後に表示された管電流、管電圧条件を確認、管電圧条件が下がるようであれば設定ダイアルで目標条件に調整します。
　X線発生中は発生装置に近づかず、X線発生が終了すれば表示ランプが消え、再度パワーランプのみの点灯に戻れば撮影が終了です。
⑨「撮影終了後の処理」
　素早く電源スイッチを切ります(X線の発生が終了しパワーランプのみの点灯に戻った後、安全性が確認できたら次の作業に移ります)。

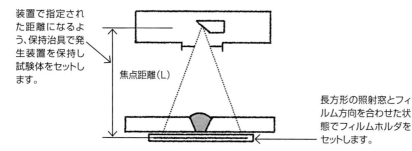

図2-24　フィルムホルダおよび試験体のセット状態

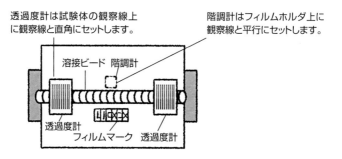

図2-25　透過度計、階調計、フィルムマーク数字の設置状態

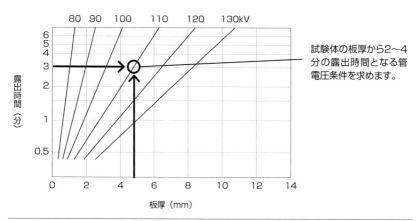

図2-26　露出線図例と管電圧の設定

⑩「フィルムホルダの取り出し」

パワーランプのみの点灯を確認した後、照射室からフィルムホルダを取り出します。

⑪「フィルムの現像処理」

暗室内でフィルムホルダからフィルムを取り出し現像、停止、定着、水洗の順でフィルムの現像処理を行い、十分な水洗後にフィルムを乾燥させます。

⑫「フィルムの観察」

図2-27のようにフィルムをシャーカステンに取り付け、透過写真を観察します。

(3) X線透過試験フィルムの評価

X線透過試験で撮影された透過写真フィルムは、欠陥の判定を行う前にフィルムの撮影状態の良否を判定する必要があります。このフィルムの撮影状態の良否判定には、材料厚さの違いで発生するフィルムの濃度差（階調計による）、フィルム自体の濃度およびフィルムに映し出される欠陥の大きさ（透過度計による）が適正に撮影されているかどうかによって行います。そのため、撮影時は、試験体表面に階調計と透過度計を置いて撮影します（撮影された透過写真フィルムには図2-28のような状態で階調計、透過度計が写ります）。

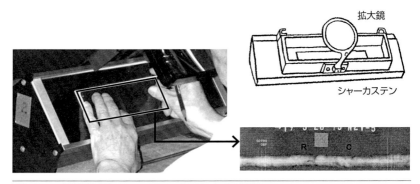

図2-27　X線透過試験フィルムのシャーカステンによる観察

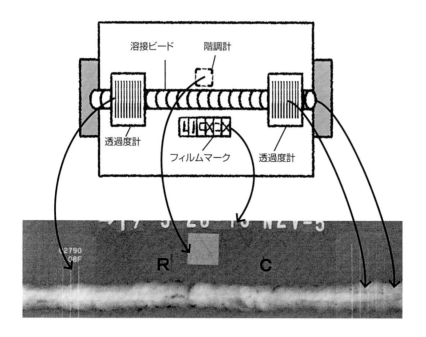

図2-28　X線撮影フィルムにおける階調計、透過度計の撮影状態

撮影されたX線フィルムは、撮影時に試験体の表、裏面に置いた階調計や透過度計の写り具合により、判定に利用できるフィルムであるかどうかの確認が必要となります（したがって、撮影時は上の図のように階調計、透過度計、フィルムマークをセットしておきます）。

階調計は、試験体素材に近い材料を用い、**表2-7**、**2-8**に示すように試験体の厚さに応じ板厚1mm〜6mm、大きさ15mm〜25mm角の板材を使用します（この階調計を置いた部分と試験体部分のフィルム濃度を測定、その差を試験体部の濃度で割った値が所定の値を満足することが要求されます）。

　なお、フィルム自体の濃度についても、濃すぎても薄すぎても写し出された欠陥像の質が低下するため、試験範囲全体において所定の濃度範囲にあることが要求されます（したがって合格となる濃度のフィルムは暗く、そのためフィルム写真で欠陥の判定を行う場合には、図2-27で示したフィルム裏面からライトを当てる専用のシャーカステンを使用します）。

　一方、透過度計には、試験体素材に近い材質の0.05〜6.3mm径の棒（太さの異なる7本程度）をプラスチックケースに入れて使用します（試験体の材質および板厚に対し、**表2-9**のように一定の太さの棒が像として観察されることが必要となります）。このような針金状の透過度計のほか、板に径の異なる3個の穴をあけた有孔形透過度計などもあります。

　なお、最近注目されている炭素繊維プラスチック材の試験では、階調計には0.04〜0.24mmのアルミ箔を、像質計には0.125〜0.5mmのポリエステルフィルムに3種類の径の穴をあけたものを使用します。

　いずれにせよ、これらの必要事項が満たされて、はじめて透過写真として認められることとなり、これらを満足せず不合格フィルムとなった場合は、撮影条件を検討して再撮影を行う必要があります。

表2-7　炭素鋼・ステンレス鋼材料溶接部のX線透過試験における必要階調計厚さ

		試験体板厚(mm)		
		t≦20.0	20.0<t≦40.0	40.0<t≦50.0
階調計	板厚(mm)	1.0	2.0	4.0
	大きさ(mm)	15.0×15.0	20.0×20.0	25.0×25.0

表2-8 アルミ材料溶接部のX線透過試験における必要階調計厚さ

階調計		試験体板厚(mm)			
		t≦10.0	10.0<t≦20.0	20.0<t≦40.0	40.0<t≦50.0
	板厚(mm)	1.0	2.0	3.0	4.0
	大きさ(mm)	10.0×10.0	15.0×15.0	20.0×20.0	25.0×25.0

階調計は、試験体材料に近い材料で、試験体厚さに対応した板厚、大きさのものを使用します。

表2-9 各種材料溶接部のX線透過試験における必要透過度計線径太さ

線径(mm)	試験管板厚(mm)	
	炭素鋼・ステンレス鋼	アルミニウム
0.125	t≦4.0	t≦6.3
0.16	4.0<t≦6.3	6.3<t≦8.0
0.20	6.3<t≦10.0	8.0<t≦12.5
0.25	10.0<t≦12.5	12.5<t≦16.0
0.32	12.5<t≦16.0	16.0<t≦25.0
0.40	16.0<t≦20.0	25.0<t≦32.0
0.50	20.0<t≦32.0	32.0<t≦50.0

試験体板厚に対し、許容できる以上の大きさの欠陥が確認できるよう、その大きさに相当する太さの針金が写っていることが必要となります。

②-⑥ 溶接部の放射線透過試験結果の評価

 ものづくり分野において、放射線透過試験は、鋳鋼やアルミ鋳物など素材検査、各種材料の接合部の検査、製品内部の構造検査などに利用されます。

 そうした中での代表的な利用方法である溶接部の放射線透過試験では、図2-29のように、周辺素材(母材)部より厚く仕上げるための余盛りにより溶接部が母材部より厚くなり、透過されてくる放射線量が少なくなることで撮影フイルムでは母材部より白く観察されます(裏面にも裏ビードが形成され、その余盛りでさらに厚くなっている部分ではさらに白く、逆に余盛りの無くなるビード両止端部では母材厚さに近づきやや黒く観察されます)。

 こうした溶接部に、ガス孔(ブローホール)欠陥が存在すると、空洞のガス孔の存在により板厚が薄くなり、透過されてくる放射線が増し、図2-30のように溶接部の中に黒くて小さい球状の欠陥として観察されます。一方、同じように小さい粒状のものでも図2-31のように白く観察されるものは、タングステンなど母材より密度の高い異物の巻き込み欠陥であることがわかります。

表面側の余盛り分だけ板厚が厚くなり、周りの素材部よりややX線を通しにくく、その分だけ白くなっています。

表面側、裏面側の余盛りで板厚が厚くなり、その分だけX線の透過量が少なくなり、より白くなっています。

図2-29 突合せ溶接部のX線透過試験結果例

一方で、幅が狭く面状に発生する割れのような欠陥で放射線の透過方向と平行の板厚方向に割れが発生している場合では、割れ部の空間の存在で放射線の透過量が多くなり、フィルムには図2-32に示すように黒いスジ状で明瞭に観察されます。逆に、放射線の透過方向を横切るように角度をもって発生した割れでは、きわめて薄い割れ厚さのみの板厚減少でしかとらえられず、その存在や他の欠陥との違いの見きわめが難しくなり、判定には十分な経験と周辺知識が必要となります。

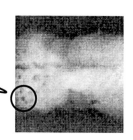

図2-30　X線透過試験による溶接部のブローホール欠陥例

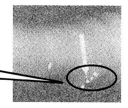

図2-31　X線透過試験による溶接部の異物混入欠陥

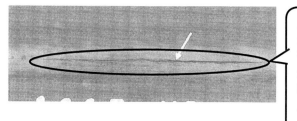

図2-32　X線透過試験による溶接部の割れ欠陥例

図2-33は、割れと同じように面状で発生する溶け込み不良欠陥（接合しようとする両母材が溶け合わず、接合面が連続して残った欠陥）のX線透過試験結果の一例です。同じような欠陥として溶接ビードと溶接ビード、溶接ビードと母材面の間に発生する融合不良欠陥があります。

　この種の欠陥の場合も、欠陥の発生している方向とX線の透過方向との関係から図のように明瞭なスジ状で観察される場合や不明瞭な面状で観察される場合があり、それぞれの欠陥発生のメカニズムを頭において判定する必要があります。また、アンダーカットなどの表面欠陥も、局部的に発生しているフィルムの濃淡差によりその存在の見きわめが可能となります。

　なお、溶接部の放射線透過試験で見出された欠陥は1～4種に分類され、①丸いブローホールのような第1種の欠陥は、一定の大きさの視野内に発生している欠陥の個数で、②細長いスラグの巻き込みやパイプ状ガスホール、溶け込み不足、融合不良などの第2種欠陥は、それぞれの欠陥の長さと個数で、③第3種の割れ欠陥は、割れ長さと個数で、④第4種のタングステンなど異物混入欠陥は、一定大きさの視野内に発生している個数で、それぞれを段階なり点数で判定します（どのレベルまでの欠陥発生を合格製品とするかは、適用される法規や仕様などで規定されます）。

　なお、放射線透過試験結果の評価に当たっては、過剰品質とならず要求される品質に対し適切な判定が下せるよう、検出される傷や欠陥と機械的性質の関係をよく理解しておくことが重要となります。

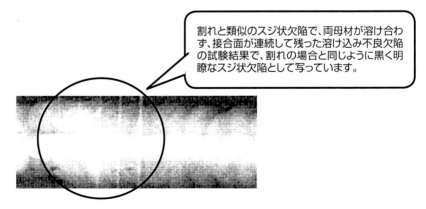

図2-33　X線透過試験による溶接部の溶け込み不良欠陥例

こうしたX線透過試験などの非破壊検査で確認される欠陥は、その種類や形状を単独の試験で正確に判定することが難しく、十分な知識と経験が必要になります。
特に、それぞれの欠陥の製品強度への影響についての判定は難しく、そのために、この後に示すような「欠陥と機械試験結果との関連性」などについて十分に理解を深めておくことが大切です。

②-⑦ 溶接部の放射線透過試験結果と曲げ試験結果の比較

　製品の品質管理を適切に行うには、1つの試験方法で得られる試験結果だけで判定することは少し危険性があります。

　本項では、その事例として、突合せ溶接材の表、裏の余盛りビードを残した状態で外観およびX線透過試験を行った結果と、両ビードの余盛り部を切削加工で削除し裏面側で伸び変形を受ける曲げ試験（裏曲げ試験）を行った結果を比較することでその検証を行っています。なお、検証に用いたいずれの試験体も、いろいろの欠陥が発生しやすいよう、図2-34に示すようにほぼ同じ中央位置で、裏ビード形成のための第1層溶接をいったん中断させ、この位置で溶接を再開させ、連続したビードを形成させる棒継ぎ操作を行わせて溶接を行っています。

(1) 微小欠陥

　図2-35に示す試験体Aの裏ビード外観試験結果(a)では、写真中央の棒継ぎ部に前後ビードの段差による凹みがビードを横切るように発生しており、この凹みは図2-35 (b)のX線透過試験結果にもやや黒いスジとなって確認されています。ただ、X線試験結果には、それ以外の欠陥発生は認められません。

　これに対し、図2-35 (c)の曲げ試験結果では、X線で認められた凹み部分は切削加工で除去され、曲げ試験結果には何らの影響は与えていません。ただ、X線試験では認められていなかった、微小欠陥によると考えられる、割れ発生にいたる前の微小凹みが確認されます。このように、X線試験では、その存在が確認できないような微小欠陥も、発生位置によっては割れ発生に到りかねない欠陥になり得ることがわかります。

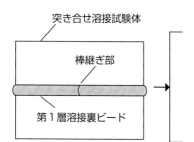
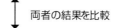

中央の棒継ぎ部を中心に表、裏の余盛りビードを残した状態の外観、X線透過試験を行います。

両者の結果を比較

ビードの余盛を除去した状態で、裏面側が伸び変形を受ける裏曲げ試験を行います。

図2-34　外観、X線透過試験結果と曲げ試験結果の比較方法

(a)の裏ビード外観写真中央の棒継ぎ部には、ビード重なり不足による凹みがビードを横断する状態で発生しており、(b)のX線試験結果にも、この凹み部に相当するやや黒いスジが認められます（ただ、それ以外の欠陥の発生は認められません）。

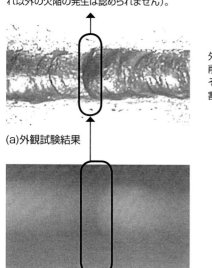

外観、X線試験で観察された凹みは、余盛り部の削除により存在していません（ただ、X線試験ではその存在が認められていなかった微小欠陥による割れ発生手前の微小凹みが確認されます）。

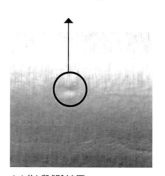

図2-35　同一試験体Aにおける試験方法の違いによる試験結果の差異

(2) ビード重なり不足による浅い凹み欠陥

一方、図2-36(a)の試験体B裏ビード外観試験結果の中央棒継ぎ部においては、先行溶接裏ビードのクレータの多くが棒継ぎビード先端の三角錐状溶け込み溶接で再溶融されず残っており、図2-36(b)のX線試験結果にも棒継ぎビードの三角錐状溶け込み線に沿うように、ビード重なり不足による浅い凹みと見られる薄黒い欠陥が観察されます。また、三角錐頂点部前後にも凹みの延長のような薄黒い欠陥が観察されます。

ただ、図2-36(c)の曲げ試験結果では、浅かった凹みの影響はまったく認められず、三角錐状溶け込み先端の薄い欠陥が原因と考えられる割れの発生が観察されます。このような曲げ試験での割れ発生となった原因は、棒継ぎ部であることや、棒継ぎで先行ビードのクレータの多くが残っていること、割れの発生状態などを考慮すると、先行ビードのクレータに残った収縮孔が起点となったものと考えられます。

このように、曲げ試験を行わない状態で、X線結果の三角錐頂点の薄い欠陥が割れを発生するような欠陥であることを推測することはきわめて難しく、X線試験結果で「これは」と思われる部分については、その撮影されている状態から周辺知識や経験を駆使して、欠陥の発生メカニズムを推測し、判定することが必要であることがわかります。

(3) 先行ビードクレータの黒い凹み欠陥

図2-37(a)の試験体C裏ビード外観試験結果では、中央の棒継ぎ部で先行ビードクレータの半分程度が再溶融されず、黒く凹み状態となって残っています（それ以外の特段の欠陥は見当たりません）。一方、図2-37(b)のX線試験結果では、棒継ぎ部の重なり部分にやや黒い三日月状の凹みが観察されるとともに、その中心位置に濃く黒い点状欠陥の存在が認められます。この黒く明瞭な欠陥は、その発生位置から、再溶融されずに残った先行溶接ビードクレータ中心に発生する収縮孔の残存欠陥と予想されます（外観的には、その存在は確認されていません）。

これらに対し、図2-37(c)の曲げ試験結果では、凹み部は除去され黒い点状欠陥からの割れが確認されます。このように、C試験体でのX線試験結果と曲げ試験結果の間には良好な相関が認められています。これは、割れ発生につながった欠陥の発生位置が比較的曲げ面に近かったことによるためと考えられます。

(a)の裏ビード外観写真中央の棒継ぎ部では、先行裏ビードクレータの多くが後続の棒継ぎ溶接の三角錐状溶け込みで再溶融されず、ほぼ完全な形で残っています。また(b)のX線試験結果では、三角錐状のビード重なり部に黒く明瞭に確認される凹み欠陥に加え、三角錐状溶け込み先端部に薄く不明瞭な欠陥が認められます。

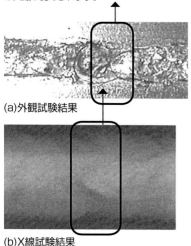

(a)外観試験結果

曲げ試験では、凹み部は余盛の削除により消滅しているものの、先行ビードクレータに残った収縮孔によると考えた薄く不明瞭な欠陥からの割れが発生しています。

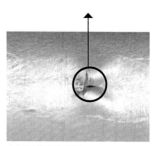

(b)X線試験結果

(c)曲げ試験結果

図2-36 同一試験体Bにおける試験方法の違いによる試験結果の差異

外観試験結果では、中央の棒継ぎ部で先行ビードクレータの半分程度が再溶融されず、凹み状態となって残っている以外には特段の問題となる欠陥は見あたりません。しかし、X線試験結果ではクレータ形状に沿うように発生した凹み欠陥に加え、先行ビードクレータのほぼ中心に残る収縮孔の残存と考えられる黒い点状欠陥が認められます。

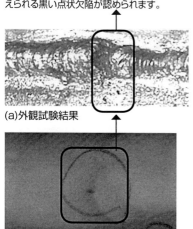

(a)外観試験結果

曲げ試験では、棒継ぎ部の凹みは除去され、X線試験結果での黒い点状欠陥からの割れ発生のみが確認されます。

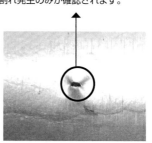

(b)X線試験結果

(c)曲げ試験結果

図2-37 同一試験体Cにおける試験方法の違いによる試験結果の差異

(4) ビード止端部のスジ状欠陥

　図2-38の試験体D裏ビード外観試験結果では、棒継ぎ部に両ビードの段差は認められるものの、極端な凹みの発生や他の欠陥らしきものは認められません。ただ、X線試験結果では、継ぎ部の凹みに加え第1層溶接裏ビード止端にも凹みと見られる薄いスジ状欠陥も認められます。加えて、スジ状欠陥内の一部に、黒い明瞭な欠陥も見られます（この欠陥は、その発生位置から、第1層表面ビード止端部と第2層溶接ビード間に発生した融合不良欠陥と考えられます）。

　図2-38(c)の曲げ試験結果では、X線で見られたビード止端の一部の凹みが曲げ面に残存しているものの、凹みは浅く割れ発生につながるような鋭い切り欠き状のものでなかったことがうかがえます。ただ、写真中央にはX線ではまったく認められていなかった欠陥からと考えられる割れが発生しています（この割れは、その発生位置から、残存収縮孔によるものと同じと考えられます）。

　一方で、黒い明瞭な欠陥については、何らの影響も認められません（これは、この欠陥の発生位置が第1層ビード厚さ程度曲げ面より離れていたためと推定できます）。このように、D試験体の試験結果では、一部の凹み欠陥で外観、X線、曲げの結果に相関性が認められるものの、溶接部の強度に関与すると考えられる割れ発生につながるような欠陥には相関性が認められず、1種類の試験方法による試験結果のみでの判定は十分な検証が必要であることとがわかります。

　さらに、図2-39(a)の試験体E裏ビード外観試験結果では、全体に特段の欠陥も認められず、一見すると良好な棒継ぎ溶接が行われているように見えます。ただ、図2-38(b)のX線試験結果では、第1層溶接ビード止端にやや幅のある薄い帯状の連続欠陥が認められ、(c)の曲げ試験結果では製品の破断にもつながるような大きく開口した割れを発生し、割れ面には平坦な面が存在しています。こうしたことから、X線で認められた薄い帯状欠陥は、棒継ぎ部での先行ビード表面および棒継ぎ以後の溶接での片側開先面との間での融合不良欠陥と考えられ、これらの欠陥が裏ビードの余盛りを削除したことで大きく開口した割れの発生につながったと考えられます。

(a)の外観試験結果では、棒継ぎ部で前後ビードの段差が認められるものの、他の欠陥らしきものは発生していません。ただ、X線試験結果では、棒継ぎ部両端の凹みに加え、第1層溶接裏ビード止端にスジ状の薄い凹み欠陥、第1層ビード止端と第2層溶接の間に発生した、融合不良によると考えられる「黒く明瞭な点状欠陥」も見られます。

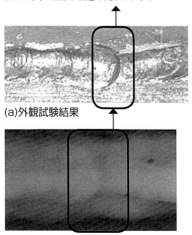

(a)外観試験結果

(b)X線試験結果

(c)の曲げ試験結果では、割れ発生にいたらない凹みや、残存収縮孔欠陥からの割れと考えられる割れが認められますが、X線試験結果で認められた黒く顕著な欠陥は、その発生位置の関係から曲げ試験結果には何らの影響も認められません。

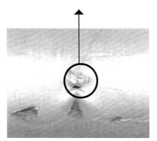

(c)曲げ試験結果

図2-38　同一試験体Dにおける試験方法の違いによる試験結果の差異

(a)の外観試験結果では、一見すると良好な棒継ぎ溶接に見えるものの、(b)のX線試験結果では、棒継ぎ部から第1層溶接裏ビード止端にかけ、やや幅のある「薄い帯状の連続欠陥」が認められます。

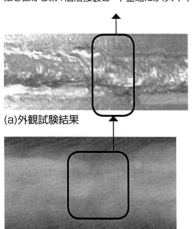

(a)外観試験結果

(b)X線試験結果

(c)の曲げ試験結果では、棒継ぎ部から第1層溶接裏ビード止端にかけ、製品の破断にもつながる「大きく開口した割れ」を発生し、割れ面には平坦な開先面と思われる面の存在が確認できます。

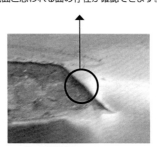

(c)曲げ試験結果

図2-39　同一試験体Eにおける試験方法の違いによる試験結果の差異

②-⑧ 超音波を利用した探傷試験

（1）超音波をキズの探傷に利用する

　光は進行方向と直角の面で伝わる横波ですが、超音波を含め音は縦波です（音の伝わる方向は進行方向と同じ縦方向になります）。さらに、音が伝わるには、空気や水、金属個体など伝達する媒体が必要で、それぞれの媒体により一定の速度で伝わります（たとえば、空気中では1秒間に350mの速度で伝わります）。この音の伝わる速度は、光が伝わる速度に比べ格段に遅いのです（約90万分の1程度）。こうしたことで、人は図2-40のように雷の位置を、ピカの稲妻の光（ほぼ瞬間的に届きます）から遅れて聞こえるゴロゴロの音の届くまでの時間から判断できるのです（そうです、雷が光ってからゴロゴロの音の届くまでの時間に空気中を音の伝わる速度340mを掛けた距離になります）。

光は超高速（毎秒約30万km）で伝わり、瞬間的に届きます。

音は空気（毎秒約340mで伝わる）や水（毎秒約1440mで伝わる）、金属（毎秒5000m程度で伝わる）を介して伝わります（したがって、雷の位置は、稲妻が見えた後のゴロゴロの音の届くまでの時間に空気中での音の伝搬速度340mをかけた距離となります）。

図2-40　音と光の性質の違い

超音波は音の仲間で、周波数が人の聞き取れる可聴音（20Hz～20kHzの周波数の音）よりの多い音波です。この超音波を計測や加工に利用するには、1～10MHz（メガヘルツ）の周波数が必要となります。このような超音波はきわめて指向性が強く、しかも障害物に突き当たると可聴音と同じように反射してもどってきます（そうです「山びこ」と同じ現象が起こるのです）。こうした超音波が反射されやすく（材料内部に存在するキズなどから反射されてくる）、伝わる速度が遅い（速度の測定が容易になる）などの特性を利用するのが超音波探傷試験です。

　超音波をキズの探傷に利用するには、まず、超音波を発生させることが必要になります。そこで、図2-41のような2枚の電極板に挟んだ水晶板や圧電セラミックス素子の－側に反発する－の電気を、同じく＋側に＋の電気を流すと、水晶板や圧電セラミックス素子は反発し合うことにより圧縮され縮みます。逆に、＋側に－の電気を、－側に＋の電気を流せば伸びます。とすれば、一定周期で＋と－が変わる交流電流を流すと、引き合い反発し合う作用で素子が伸び縮みし、これによって波動が得られます（この交流の周波数を数十kHzにすれば超音波が得られます）。

　ただ、だらだら続く超音波では、金属板など限られた短い距離で反射

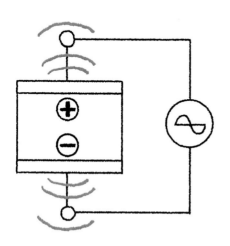

素子の＋電極側に交流の＋の半波（この時－側の電極側には－の半波）が流れると、素子と電極間は反発し合うことで圧縮され縮み、次の半波では逆に引き合うことで伸びることを繰り返し、波動（音波）を発生します（交流を高周波にすれば高周波の超音波が得られます）。

図2-41　交流電流による音波の発生

された信号を明確に判定できません。そこで、この超音波を一定の間隔を持たせたパルス状に制御します。これにより、図2-42のように1つの波がキズや試験体裏面で反射され、反射波を素子で受けとめ、反射波の波動を逆反応で電気信号に変え画面上で観察できるようにします（これが超音波探傷試験器です）。

　図2-43がこうした水晶板や圧電セラミックスの素子を振動伝播防止用のダンパー材で封入した探触子の例で、検出しようとするキズの形状や大きさ、発生している状態などにより探触子の周波数や大きさ、屈折角を選択します（90°あるいは45～75°）。したがって、個々の探触子には、N5Q10×10Nのような表示記号が付きます。この探触子の表示は、①最初に周波数帯（普通のものはN、広帯域のものはBとなりますが省

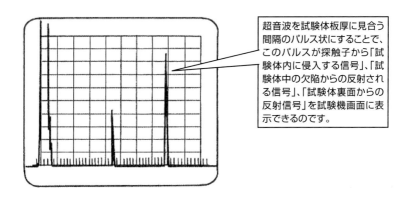

超音波を試験体板厚に見合う間隔のパルス状にすることで、このパルスが探触子から「試験体内に侵入する信号」、「試験体中の欠陥からの反射される信号」、「試験体裏面からの反射信号」を試験機画面に表示できるのです。

図2-42　反射パルス波の受信状態

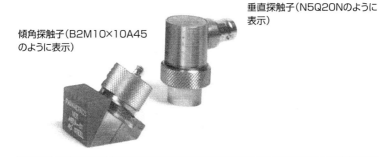

垂直探触子（N5Q20Nのように表示）

傾角探触子（B2M10×10A45のように表示）

図2-43　各種の探触子例（オリンパス㈱）

略されることもあります)、②その次に周波数(2もしくは5MHzでMHzは省略)、③次に振動子の材料(Qは水晶、Mが圧電素子など)、④次に振動子の寸法(円形のものは直径、角形は幅×高さで表示)、⑤次に形式(垂直の場合はN、傾角はAなどで、2探触子で行う場合はさらにDを付け加えて表示します)、⑥次に傾角振動子の場合の屈折角(45のように単位をつけない数値で表示しますが、垂直探触子の場合はNのみの表示です)となります。なお、集束形のものにはFの記号と集束範囲(25mm～35mmの場合は25-35のように表示)が追記されます。

(2) 超音波探傷試験によるキズの検出と位置の判定

超音波探傷試験では、試験体表面に探触子を直接接触させて行う直接接触法と、試験体を水につけた状態で行う水没接触法があります。

一般的に用いられるもっとも基本的な方法が、図2-44(a)に示す1探触子直接接触法による垂直探傷法です。この方法では、1つの探触子から試験体板厚に適したパルス状の超音波を、試験体板厚方向に直接接触法で垂直に投入します(この時、探触子から試験体に超音波が入る信号が入射エコーとして現れます)。

投入された超音波は、試験体内部に欠陥が無ければ裏面で反射された

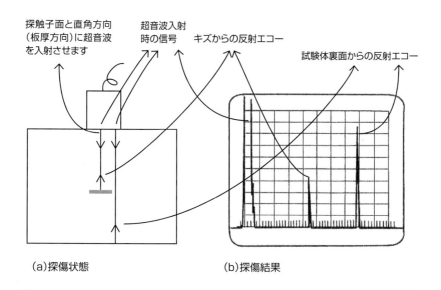

(a)探傷状態　　(b)探傷結果

図2-44　1探触子直接接触法による垂直探傷試験

反射エコーとして探触子に戻ってきますが、欠陥があると図2-44（b）のように超音波の一部が欠陥面で反射されるとともに、残った波も裏面で反射されて戻ってきます。これにより、欠陥の存在と欠陥位置が求められます（試験体板厚を測定しておけば、表示された入射エコーから裏面反射エコーまでの長さに対する入射エコーから欠陥反射エコー位置までの長さの比で深さが求まります）。

　この場合、超音波の進行方向に直角（面に平行）で広がりをもつ平面的なキズであれば、超音波は強く反射し大きなエコーが現れます（その分、裏面からのエコーは小さくなります）。ただ、欠陥が球状の場合の垂直探傷試験では、図2-45のように超音波が球面で四方八方に散乱するため、欠陥の存在の判定が難しくなります。したがって、こうした球状欠陥の場合は、体積をもつ欠陥の検出を得意とする放射線試験で、その存在と平面での位置を確認しておき、その周辺を超音波探傷試験で詳細に探傷して欠陥エコーを見出し、位置情報を得るなどの工夫が必要になります。

　一方、平面的なキズであっても投入された超音波に対し、傾いた状態でキズが発生している場合の垂直探傷試験では、図2-46(a)のように超音波は入射方向とは別の方向に反射するためキズの検出が難しくなります。この場合、図2-46(b)のような斜角探触子を用い、超音波を斜め方向に投入すると、大きなキズエコーが得られ判定が可能になります。なお、キズの傾きが違ってくると、傾きが浅い場合は図2-46(b)の実線の

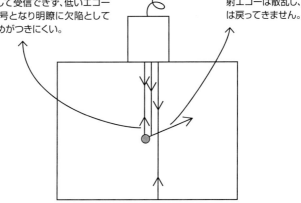

図2-45　球状欠陥の検出

ように超音波の屈折角（投入された超音波が試験体材料の屈折で試験体内に入ってくる角度）θ_1を小さく、逆に傾きが大きい場合は破線のようにθ_2を大きく設定する必要があります。そのため、斜角探触子には45度や60度、75度といった屈折角のものが用意されており、探触結果に応じて取り替えながら試験を進めるとよいでしょう。

また、割れのような面状のキズが垂直に近い状態で存在する場合は、**図2-47、48**のように2個の斜角探触子を発信用と受信用として使用す

垂直探触試子では、超音波が散乱しキズの検出が難しくなります。

キズの傾きに応じた屈折角θの斜角探傷子を使うことでキズの検出が可能になります。

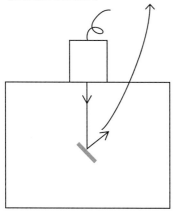
(a)垂直探傷の場合

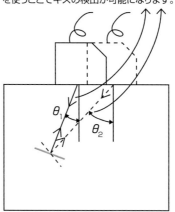
(b)斜角探傷の場合

図2-46　傾きをもったキズの超音波探傷試験

送信用斜角探触子から傾けて投入した超音波を試験体裏面でいったん反射させ、この反射エコーをキズ面で、再度反射させた戻りのエコーを受信用探触子でとらえてキズを検出します。

送信用斜角探触子から投入された超音波の中で、キズの上端、下端および試験体裏面で反射されたエコーを連続する伝搬時間内での変化としてとらえる、特殊な方法でキズを検出します。

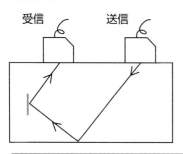
図2-47　キズ本体からのエコーによる場合

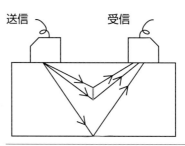
図2-48　キズ端面からのエコーによる場合

る2探触子法で行います。

　図2-48のような特殊な方法を用いると、本来不得意なブローホールのような球状で微細な欠陥も検出が可能になります。こうした技術と**表2-10**に示すような超音波探傷法の特徴から、溶接部の探傷試験だけでなく板厚測定、膜厚測定や形状測定に幅広く利用されるようになっています。

（3）超音波探傷試験の試験手順

　もっとも基本的な超音波探傷器による、基本的な垂直探触試験の場合の試験手順は、次の手順で行います。

①「探傷器の準備」
　図2-49の電源スイッチを入れ、一探触子法にセット、清掃した垂直探触子の端子を送信用プラグに取り付けます。

②「測定範囲レンジの設定」
　試験体の測定方向厚さ(t)をノギスなどで測定し、その値より大きくしかも一番近い測定範囲レンジに設定します（測定範囲は一般的に50、

表2-10　超音波探傷の特徴

比較的手軽で、試験結果がその場でわかるなどから、近年、溶接部の試験や製品内部の構造チェックなど多方面に利用されています。

長所	比較的手軽で片側からの試験が可能である
	試験結果がその場ですぐわかる
	装置により線上や面上の情報が検出、表示できる
短所	結果が電気信号の波形として得られるため傷の判断に経験が必要
	オールステナイト系ステンレス鋼など超音波が伝搬しにくい材料への適用が難しい
	形状の複雑な製品への適用が難しい

100、125、200、250、500（mm）が用いられ、厚さ110mmであれば図2-49中の測定範囲切替スイッチを125mmに設定します）。

③「ブラウン管横軸目盛り長さおよび縦軸感度の調整」
a）図2-50のように、一定厚さの標準試験片厚さが測定できるよう試験片を横置きに設定します（たとえば、厚さ25mm一定のSTB-AI試験片を横置きに置きます）。
b）測定面に接触媒質となるグリセリンを散布し、図2-50のように探触

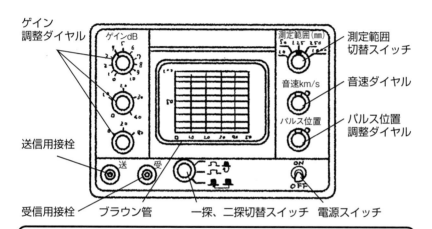

図2-49　基本的な超音波探傷器の操作パネル例

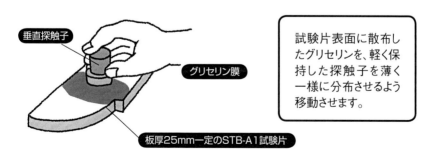

図2-50　目盛り長さの調整のための試験片の設定

子を軽く接触させた状態で移動させ、測定範囲にグリセリンを薄く均一に分布させます。

c) 測定面に軽く探触子を当て図2-51のように表示画面に5本の底面からのエコー（底面エコー）が現れるようパルスの間隔幅が調整できる音速ダイヤルで調整します（速く設定すれば表示画面横軸の1目盛り長さが長くなります）。

　この時、縦軸のエコー高さは、着目するキズからのエコー高さが高過ぎると雑音を拾い、低過ぎても不明瞭となります。そこで、図2-49中の3個のゲイン調整ダイヤルを組み合わせて調整し、図2-51の5本のエコーの高さが90〜40％の範囲で明瞭に表示させています。

　さらに、パルス位置調整ダイヤルを調整して表示画面中の2番目エコーB2と4番目エコーB4が横軸目盛りの20と40の位置になるよう調整します（これにより、設定した20-40の間の横軸20目盛が板厚の2倍の50mmとなり、横軸の1目盛が2.5mmに精確に設定されたこととなり、

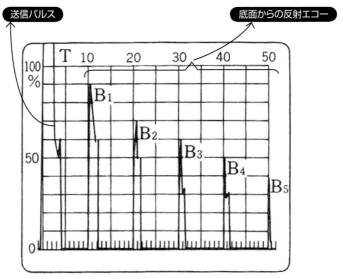

 試験片の底面から反射したエコー5本を明瞭に判別できる高さに表示させ、2番目エコーと4番目エコーを横軸20、40の位置に合わせた20目盛りで測定しておいた試験片厚さの2倍の値で割ることで基準とする1目盛りの長さが求まります。

図2-51　横軸目盛長さの設定例

実製品の欠陥位置情報を求める場合の1目盛が計算しやすい値となります）。

④キズの検出

a）ワイヤブラシや紙やすりなどで滑らかに清掃した試験体の探傷面に、図2-50の要領でグリセリンなどの接触媒質を均一に塗布します。

b）軽く握った探触子を探傷面に置き、底面からのエコーを確認します（試験体の底面エコーは、探傷面から底面までの厚さを横軸目盛り長さの調整により求めた1目盛り長さで割った目盛り数の位置に現れます）。

c）探触子を大きく動かし、キズエコーを見つけたら細かく動かしてエコーのピーク位置（欠陥位置）を測定し、この位置での深さを計算します。また、エコー高さから、欠陥の程度（大きさ）の分類ができます。なお、最近のデジタル方式のものでは、自動的に位置情報などが計算され表示されます）。

d）欠陥が検出でき、欠陥の位置と大きさが求まれば試験は完了です。探傷器（図2-52）の電源を切り、垂直探触子を外してグリセリン拭き取りケースに収納します（使用したSTB-AI試験片もグリセリンを拭き取り、清浄にして防錆材を塗布して保管します）。

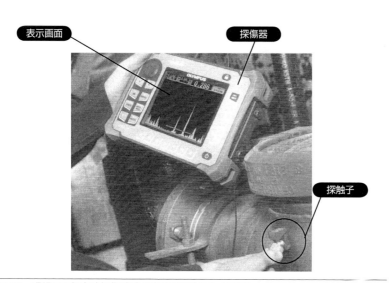

図2-52　現場での超音波探傷試験の実施状況（オリンパス㈱）

②-⑨ 溶接部の気密試験

(1) 空気の気密度を確認する

　密閉容器製品の漏れをチェックし、容器の気密度を確認するために行う試験が気密試験で、基本的には、自転車用タイヤゴムチューブのパンク漏れ孔検出と同じです（こうした方法を「液没法」と呼びます）。同様の原理で試験の精度を高めるため、図2-53に示すように容器内に封じ込めたガスあるいは液体で内圧をかけ、この封じ込めたガスや液体が試験体容器の欠陥部から漏れ出すのを検査剤などで検出する「加圧法」があります。

　逆に、試験体容器の周りをガスで囲み容器内部を減圧すると、周囲ガスが容器内部に進入してきます。図2-54のようにこの進入してくるガ

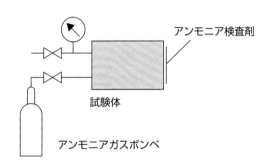

試験体容器にアンモニアなどの検出用ガスを封じ込めて加圧すると、容器欠陥部から検出ガスが漏れ出し、この検出ガスを検出剤で検出することで気密度がチェックできます。

図2-53　「加圧法」による気密試験

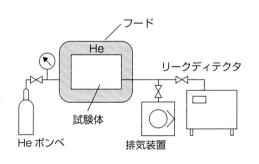

Heなどの検出用ガスで囲った試験体内部を排気して減圧状態にすると、容器欠陥部から検出用ガスが吸い込まれ、この吸い込まれたガスをリークディテクタで検出することで気密度がチェックできます。

図2-54　「減圧法」による気密試験

スを検出器(リークディテクタ)で検出することで、気密度のチェックをするのが「減圧法」です(高精度の試験が必要な場合は、図のようにヘリウムガスを検出用ガスとして使用し、ヘリウムガスの漏れをリークディテクタで検出します)。

(2) 欠陥部から吸い込まれるガスを検出する方法

同じ原理で、容器全体を検出ガスで囲うのではなく、図2-55に示すように検出用ガスを減圧した容器の外から局部的に順次拭き付け、欠陥部から吸い込まれるガスを検出する方法もあります(この方法では、気密度だけでなく欠陥位置のチェックも可能となります)。

図2-56は、上述の図2-55の方法を応用し、板状製品の微小欠陥の検出に利用する方法です。板状製品の表面側から検出用ガスを吹き付け、ガンの位置に対応できる裏面位置に真空箱が移動できるように工夫し、欠陥部から引き込まれてくる検出ガスを検出します。

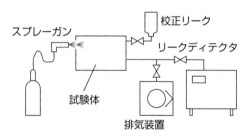

容器内部を減圧状態にした試験体に検出用ガス〈He〉をガンで局部的に吹き付け、欠陥部から吸い込まれた検出用ガスをリークディテクタで検出することで気密度がチェックできます。

図2-55 検出ガスを外部から吹き付ける「減圧法」による気密試験

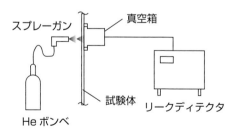

Heを検出用ガスとして使用する減圧法を、図のように工夫すれば、板状製品の微小欠陥の検出などにも利用できます。

図2-56 「減圧法」を利用する板状製品の微小欠陥の検出

(3) 圧力の差を利用する「圧力変化法」

　また、特殊な方法として、試験体容器とは別に基準にできる容器を同時に加圧し、欠陥からのガス漏れで圧力の下がった試験体容器圧力と基準容器の圧力との差を調べることで欠陥の存在が確認できる図2-57のような「圧力変化法」などもあります（最近では、基準容器を使用せず、基準圧力をマスターデータとして試験体容器圧力との差を調べる方法の開発で、測定が容易でより正確になっています）。

　これらの各試験法と試験精度の関係に着目すると、
① 毎秒10^{-4} Pa・㎥程度までの漏れであれば液没法。
② 毎秒10^{-5} Pa・㎥程度までの漏れには圧力変化法や発泡法（圧縮空気で加圧した容器の表面に発泡剤を塗布し、漏れによる泡のふくらみで検出）。
③ 毎秒10^{-7} Pa・㎥程度までの漏れには、水素（5％）と窒素の混合ガスによる加圧法。
④ 毎秒10^{-11} Pa・㎥程度での漏れの高精度の検出には、ヘリウムガスを用いリークディテクタで検出する減圧法。

　このように、目標とする気密度により最適な試験方法を使い分けることが必要となります（表2-11）。

　なお、近年、半導体やバイオの製造装置で広く行われる真空吹き付け法によるヘリウムガスリークテストの作業手順は、
① 試験体の内外面の水分や油脂、グリース、塗料などを完全に除去する。
② 試験体に校正用リークおよびリークディテクタを取り付ける（取り付けた校正用リークの容量が大きく、リークディテクタの排気装置では排気時間が長くなるようであれば、別の排気装置も取り付ける）。
③ 容器の開口部は、試験後完全に除去できる素材で密閉する。
④ リークディテクタ、排気装置を駆動させ容器内を排気し真空状態にする。
⑤ ヘリウムガスを試験体上部から下部に順次移動させ試験を進める。
⑥ 試験終了後は、試験体の真空排気を終了させ、乾燥窒素などで試験体圧力を大気圧に戻しリークディテクタや排気装置などの試験機器、開口部の密閉材を取り除く。
といった手順で行います。

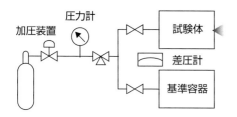

加圧した試験体容器の欠陥部から加圧ガスが漏れ、これによる圧力低下の現象を利用し、完全気密容器の基準圧力との間に生じる圧力差を検出することで漏れをチェックします。

図2-57 「圧力変化法」による気密試験

表2-11 各種試験方法の計測可能限界条件

試験方法	計測可能限界条件
液没法	毎秒10^{-4}Pa·m³程度まで
圧力変化法や発泡法	毎秒10^{-5}Pa·m³程度まで
水素と窒素の混合ガスによる加圧法	毎秒10^{-7}Pa·m³程度まで
ヘリウムガスリークディテクタ利用の減圧法	毎秒10^{-11}Pa·m³程度まで

自転車のパンクしたゴムチューブを水中に沈めてチューブ内に空気を送りこみ加圧し、パンク孔から漏れ出てくる空気を見出す「液没法」では、パンク孔のような大きな欠陥しか検出できませんが、検出ガスや検出方法を変えることで、真空度の高い状態まで(それだけ小さな欠陥まで検出できる)高精度に試験できるようになります。

②-10 溶接部の分析試験

（1）材料の成分や組成を知る方法

　ものづくりに使用する材料の成分やその含有量を知ることは、強度や耐食性、耐摩耗性といった製品として求められる特性を満足させるため、また製品に仕上げていく過程での加工条件や加工による性質変化、組み立て溶接時の材料変化などを知るのに非常に重要となります。したがって、日々の作業において、自分が使用している材料の成分や含有量を知って作業を進めることが安定した品質の製品づくりに必要となります。

　材料の成分や組成を知る方法には、**表2-12**に示すように、①物理的、化学的な分析試験による方法、②材料購入時に入手できるミルシートで知る方法、③JISの材料規格から見出す方法、などがあります。

　物理的分析試験では、材料を燃焼させた時に生じるアーク光の分光分析で行います。また、化学的分析試験では、材料を酸などに溶かし、各種の試薬を使った化学反応を利用して行います。こうしたことから、分

表2-12　材料の成分組成を知る方法

方法	手法
試験による方法	分光分析による物理的試験による方法
	化学反応による化学的試験による方法
資料による方法	JISの材料規格から見出す方法
	ミルシートから見出す方法

（試験による方法の注記）従来は専門業者に委託するなどしていたが、近年、現場で非破壊的に手軽に利用できるものもあります。

（資料による方法の注記）現場で手軽に、効率良く利用できます。

析試験は、製品となる素材から切削などの方法で試験用試料を切り出す必要があり、従来は破壊試験として取り扱われてきました。また、いずれの方法の場合も、ものづくり現場で行うには装置的にも専門性からもきわめて難しく、分析用試料を準備し専門業者に委託していました。しかし、近年、図2-58(a)に示すような小型の機器を製品材料表面に当てることで、(b)のような分析結果が得られるようになっており、本書では非破壊検査として取り扱っています。

ただ、現場で簡便に材料の成分と含有量を知るには、材料購入時に購入業者に依頼すれば入手できるミルシートで確認する方法か、JIS材料に定められている成分で知る方法（製作図面中に記載されている材料の表示記号に相当する材料をJISで調べますが、最近はネットで表示記号から検索できます）を利用するのがよいでしょう。

一般的にミルシートには、入手材料を指定する事項、機械的性質、化学成分が表示されています。表2-13がJISのSPCF相当材の最初に記載されている材料を指定する事項で、材料に材料番号が記載されている場合は、表の製品番号もしくはコイル番号と一致していることで確認します（材料番号が材料に記載されていない場合も多くあり、入手した材料

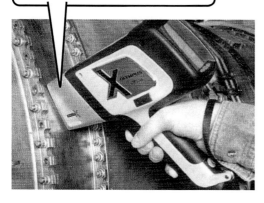

(a)試験状況　　　　　　　　　　　　　(b)分析結果

図2-58　携帯式分析機による分析試験と試験結果例（オリンパス㈱）

がミルシート材料と同一であることの確認が難しいことも多くありますが、おおむね近い成分の材料であるといえるでしょう)。

表2-14は、ミルシートで表2-13の事項に続いて記載される材料の機械的性質と化学成分の表示例です。それぞれの値は、製造した材料そのものの値であることから限定した値となっています。なお、ミルシートには、硬さや曲げ性能、材料の加工特性を示すn値やr値なども記載されることがあります。

表2-15が、JISに規定されたSPCF材の機械的性質と化学成分例です。上述の表2-14の値が、すべてこの規定の範囲に入っていることがわかります。なお、最近の材料では、以下で抑えられた値に対し実際の値がかなり少ない値で作られていることがわかります。ただ、このJISの材料成分値で材料の特性を判断しようとする場合、示されている範囲の中間に近い値で判定するのがよいでしょう。

表2-13 ミルシート記載の材料指定事項例

ミルシートのいずれかの番号と材料記載の番号(多くはコイル番号)の一致で、両者が同一のものであることの確認を行います。

製品番号	寸法				コイル番号	試験番号
	厚さ(mm)	幅(mm)	長さ	質量(kg)		
H3642B7	1.99	914	コイル	7950	5029914	5029914

表2-14 ミルシート記載の材料の機械的性質、化学成分例

引張り試験(T・T) [GL(標点間距離=50mm)]			化学成分(%)				
降伏点(耐力)	引張強さ	伸び	C	Mn	Si	P	S
Y・S (N/mm²)	T・S (N/mm²)	EL (%)					
169	301	51	0.02	0.10	0.01	0.013	0.006

これらのすべて値は、JIS規定値範囲に入っています。

（2）成分分析結果の利用

ものづくりにおける製品製作において、前項で示した各種手法で得た素材の成分分析結果がどのように活用できるのかについて、いくつかの事例を紹介してみましょう。

①S45C材の熱処理や溶接の場合

鉄鉱石から精錬、製鋼されてつくられる炭素鋼には、鋼の5元素と呼ばれる炭素(C)、マンガン(Mn)、ケイ素(Si)、リン(P)、イオウ(S)が含有されています。炭素鋼の焼入れにより硬くなる程度(焼入れ性)などの特性は、成分元素とその含有量によって変化します。たとえば、焼入れ性は、炭素の量を基本に、成分表を利用して求められる炭素当量(C_{eq})が指標となります。この炭素当量を求めるため、いろいろな求め方が提案されていますが、その一例に、$C_{eq}=C+Mn/6+Si/24+Ni/40+Cr/5+Mo/4$の式があります。

表2-15　JISに規定された材料の機械的性質、化学成分例

引張り試験(T・T) [GL(標点間距離=50mm]]			化学成分(%)				
降伏点 (耐力) Y・S (N/mm²)	引張強さ T・S (N/mm²)	伸び EL (%)	C	Mn	Si	P	S
210以下	270以上	－	0.08以下	0.45以下	－	0.030以下	0.030以下

> これらの化学成分範囲を利用して材料の特性を判断する場合は、示された限界値付近の量で判断するとよいでしょう。

炭素総量の式を利用し、機械構造用炭素鋼S45CのJIS成分表から、この材料の焼入れや溶接での注意点を見てみましょう。

検討する材料の各元素の含有量を表2-16のJIS規格範囲の中間の値程度に設定してみた場合、炭素量単独で見ればこの材料の炭素量は0.45％程度であり、焼入れによる硬化やもろい組織となり始める段階です。ただ、材料にはSiとMnも含まれ、1/24相当のSiの影響は無視できるものの1/6相当のMnは中間値的な含有量でも0.75％含まれており、C_{eq}はこのMn分の0.13を加えた0.58％の炭素鋼と同等となります。

たとえば、この材料を密着突合せの状態でアークスポット溶接を行い、片側の材料をハンマで軽く叩くと、焼入れ状態となる溶融金属の界面で脆く剥離するように破断してしまいます。したがって、この材料の焼入れ処理ではじん性回復のための焼戻し処理が、溶接の場合は溶接前後の予熱や後熱の検討が必要になることがわかります。

②クロモリ鋼を利用する場合

機械のギア、軸など各種機械部品に利用されるクロモリ鋼（クロムモリブデン鋼）では、表2-17に示すように機能をもたせるために添加されるCr、Moともほぼ一定で、性質を変える（焼入れで硬くする）効果は炭素の量で変化させています。したがって、クロモリ鋼を利用する場合は、目的に応じた炭素量の材料を選択することが必要で、逆に材料が指定される場合は熱処理条件や溶接前後の予熱、後熱処理条件の十分な検討が必要になります。

表2-16　S45CのJIS成分値

	C	Si	Mn	P	S
S45C	0.42-0.48	0.15-0.35	0.60-0.90	0.030以下	0.035以下

JISでは各成分の含有量が一定の範囲で示されています。したがって検討に用いる場合は範囲の中間値程度を目安に設定します。

③低炭素ステンレス鋼の利用

　一般的なステンレス鋼であるSUS304材では、900℃付近の加熱で耐食性の機能を果たすためのCrと炭素が結合することで耐食性が低下します。そこで、こうした変化を起こさせないため、表2-18に示すような低炭素のSUS304L材が実用されています。低炭素材にすることの効

表2-17　各種クロムモリブデン鋼の成分組成

	C	Si	Mn	P	S	Cr	Mo
SCM415	0.13-0.18	0.15-0.35	0.60-085	0.030以下		0.90-1.20	0.15-0.30
SOY430	0.28-0.33						
SCM445	0.43-0.48						

> この材料では炭素以外の成分量はほぼ一定で、目的とする性質の変化は炭素量の変化で得ていることから、使用する材料の炭素当量を考慮した加工や熱処理、溶接が必要になります。

表2-18　低炭素ステンレス鋼の組成と特性

	C	Si	Mn	P	S	Ni	Cr
SUS304	0.08以下	1.00以下	2.00以下	0.045以下	0.030以下	8.00-10.50	18.00-20.11
SUS304L	0.030以下					9.00-13.00	
SUS430	0.12以下	0.75以下	1.00以下	0.040以下	0.030以下	—	16.00-18.00
(SUS430L)	0.02	0.54	0.34	0.019	0.007	—	16.3

> SUS304低炭素材の304L材では、溶接などの高温加工などによる耐食性の低下や常温でのきびしい塑性加工による硬化、耐食性低下、微小割れ発生などの抑制に効果があり、SUS430低炭素材（JISには該当材は無い）では溶接部の伸び、じん性低下の抑制に顕著な効果が認められます。

果は、冷間加工による材質変化(たとえば厳しい塑性加工を行った部分の大幅な硬化や磁性の発生、耐食性の低下、微小割れの発生など)を抑制するような効果が得られます。

こうした低炭素材にすることの効果は、図2-59に示すようにフェライト系ステンレス鋼SUS430材の溶接でより顕著に認められます。JISでは低炭素のSUS430L材に相当する材料は規定されていないものの、試作した表2-18に示す低炭素を使用することで図2-59(c)のように溶接部の伸び、じん性が大幅に改善されるのです。実用材としては、低炭素にすることに加え安定化元素を加えたSUS444といった材料が開発され規定されています。

(a) SUS430素材　　　　(b)SUS430ティグ溶接材　　(c) SUS430Lティグ溶接材

 (b)のSUS430ティグ溶接材の溶接部では伸び、じん性が低下し、これらの変形を受ける加工ではその性能が大きく低下しますが、低炭素にした(c)のティグ溶接材では、(a)の素材の70〜80%程度の性能にまで改善されます。

図2-59　各種SUS430材の張り出し試験結果

これまで知ることが難しかった材料の成分状態、機械的性質などは、インターネットを通じ図面に記載されている材料表示記号からJISで定められている成分概要、機械的特質概要を知ることができます。
　こうした材料の成分や特性を知ることで、加工や溶接を行う時の注意点や熱処理条件などを簡単に見出せるようになり、材料に対する興味も高まります。ぜひ、日々の作業の中で、より良い製品づくりのため「材料を意識したモノづくり」を行ってください。

②-⑪ その他の試験方法

（1）渦電流探傷試験

　金属などに電気を流すと材料に電流が流れ、磁粉探傷試験で示したように磁場を形成し、この磁場により誘導電流と呼ばれる電気の流れが形成されます。また、材料に直接通電した場合と同じ現象は、電流を流したコイルを電気の導体である金属試験体に近づけることでも材料表面部で発生、材料表面に磁場が形成され、渦電流と呼ばれる電気の流れが発生します。この渦電流は、試験体の形状や割れなどの不連続部でその流れが変化します。

　こうした渦電流の変化を検出することでキズの存在を確認するのが渦電流探傷試験です（図2-60が渦電流探傷試験器と得られる試験結果例です）。

　なお、渦電流探傷試験で金属の棒やパイプの表面キズを検出する場合は図2-61(a)に示す貫通形コイルを、逆にパイプの内外面のキズを検出する場合は図2-61(b)に示す内挿形コイルを用いる方法で行います。

（2）厚さ試験

　上述の渦電流探傷試験を使用すれば、図2-62のような目的に特化したシンプルな機器で薄い層の肉盛りやめっき、表面焼き入れ、塗装膜など素材と異なる膜状の材料がある場合の異質層厚さの計測が簡単に可能になります（膜厚計と呼ばれるものです）。

　一方、板厚が厚い製品で、腐食などによる板厚減少の分布や加工によるわずかな板厚変化の分布を知りたい場合は、超音波を直線方向もしくは面全体に図2-63(a)に示す手動、もしくは図2-63(b)に示す自動の方法で移動させることで、直線間での板厚分布（Bスコープ表示）、面全体の板厚分布（Cスコープ表示）を知ることが可能となっています（この方法はフェーズドアレイと呼ばれ、専用のソフトもしくは探傷器が必要となります）。

材料表面の凹凸や割れなどのキズで発生する渦電流が変化します

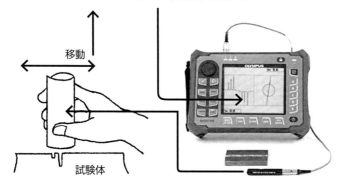

図2-60　渦電流探傷試験器と試験結果例（オリンパス㈱）

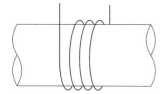
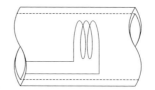

(a)貫通形コイルで丸棒やパイプ材料外面のキズの検出の場合

(b)内挿形コイルでパイプ材料内外面のキズの検出の場合

図2-61　目的に合わせた渦電流探傷試験

ここがポイント！　試験体表面に当てるだけで、素材と異なる表面膜の厚さが表示されます。

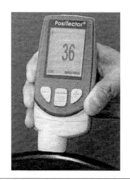

図2-62　渦電流現象を応用した厚さ計（㈱サンコウ電子研究所）

(3) 応力検出試験

　材料の応力検出法の1つに、赤外線サーモグラフィ試験があります。この方法は、材料に引張りの弾性変形が生じると温度低下が、圧縮弾性変形が生じると温度上昇が発生することを利用します。すなわち、材料の面の熱から発生する赤外線の放射エネルギーをとらえて材料の温度測定を行う赤外線カメラを利用し、図2-64のように変形で生じた温度変化分布を画像表示させ、材料ごとの変形量と温度変化の関係から材料の応力状態を求めます。

　なお、応力検出試験には、変形量を電気的に検出する抵抗線ひずみ計やX線によるX線応力測定器なども利用されますが、いずれの方法も他の試験機器と同様にコンピュータの情報処理機能を利用することで取り扱いがきわめて容易になっています。

(4) アコースティック・エミッション (AE) 試験

　木造家屋の維持管理で問題となる「白アリ」によるに浸食対策として、図2-65のような、白アリが木材をかみ砕く時に出る音（超音波）を集音し検出する方法が開発されています。

　アコースティック・エミッション試験は、類似の方法で製品のキズ発生の検出を行う方法で、構造物で破壊の起点となる亀裂が発生しようとする場合に材料に発生する弾性波（その周波数は数十〜数百kHz付近で、AE信号と呼びます）をとらえることで検出が可能となります。

　このように、AE信号を検出することで製品の破壊の前兆を知る方法の実施例としては、たとえば、ボイラなど圧力容器の加圧試験をAEセンサを取り付けた状態で行い、加圧過程でのAE信号の発生の有無で安全性を確認しています。

ローラ付きセンサを手動で試験体表面を移動させ板厚の変化を検出します。　走行装置に取り付けたセンサを自動で試験体表面を移動させ検出します。

(a)手動検出の場合　（オリンパス㈱）

(b)自動検出の場合
　（東京パワーテクノロジー㈱）

図2-63　フェーズドアレイ探傷器による検出

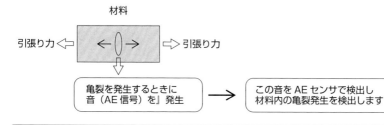

図2-64　変形による温度変化を利用した応力検出

図2-65　アコースティック・エミッション試験によるキズ発生の検出

(5) 新しい試験方法の利用

　最近の非破壊試験機器は、従来からもっていた機能の向上に加え、コンピュータの情報処理機能を付け加えるなどすることで、新たな利用方法が広がっています。

　表2-19が、代表的な事例を示すもので、従来、深さ方向の情報を得ることが不得意であったX線透過試験も、X線透過試験の項で示したマイクロフォーカスX線、板状記憶媒体、情報処理機能を組み合わせることで深さ方向の情報を得ることも可能になっています。したがって、面の形状情報と深さ方向の情報を1つの試験方法で得ることも可能になっています。

　ただ、経済性や効率、設備状態などを考慮し、従来的な2つの試験方法の併用がよい場合も多くあるでしょう。

表2-19　技術の進化にともなう試験方法の変化

> 2つの試験法で相反する特性があり、満足できる情報入手には両方を併用する必要があります。　　　経済性、効率、設備面で可能であれば、1つの方法で満足できる情報入手が可能です。

	従来技術	最新技術
X線透過試験	深さ方向の情報検出が不得意	マイクロフォーカスX線、板状記憶媒体との組み合わせで立体表示が可能に
超音波探傷試験	面方向の形状情報検出が不得意	フェーズドアレイ法により面方向の形状情報の表示が可能に

第3章 破壊試験
(破壊して材料や溶接部の性能を調べる)

③-① 火花で見きわめる火花試験

　炭素鋼の性質や用途を決める重要な因子に、材料に含まれる炭素の量があります。この炭素量を現場で手軽に見きわめる方法として、材料をグラインダ研磨する時に出る火花を利用する方法があります（「火花試験」と呼びます）。

（1）火花試験の手順
　火花試験の試験手順は、
①試験材表面のスケールやガス切断層、浸炭層などを取り除く。
②飛び出す火花全体がよく観察できるよう試験材を保持し、火花の飛散に障害となるものが無いことを確かめる（火花は、グラインダやディスクサンダの回転方向に飛散することから、固定した試験材の先端部をディスクサンダで研磨する方法が比較的よく観察できる）。
③試験材をグラインダ研磨し、発生する火花の状態で判定する。
の順で行います。

（2）炭素鋼の炭素量と火花の発生状態
　炭素鋼をグラインダ研磨する時に出る火花は、基本的にはやや長い流線状となります。その中でも炭素量が0.1％に達しない極低炭素鋼では、単純に広がって飛散する流線のみで構成されます。ただ、炭素量が0.1％を超えると、流線の本数が増し角状火花も発生し始めます。さらに炭素量が増加すると、図3-1のように以下のような特徴的な火花に変化していきます　。

　炭素量が増し0.3％程度の炭素量になると、図3-2のように角状火花が流線全体に分布し始めます（その角状火花の発生はまだ少ない状態）。

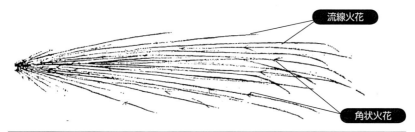

図3-1　炭素量0.09%(0.1%程度)の炭素鋼の火花(JIS G 0566)

図3-2　炭素量0.32%(0.3%程度)の炭素鋼の火花(JIS G 0566)

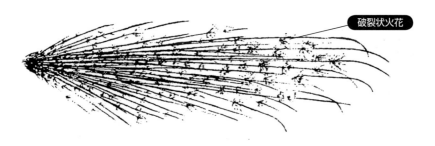

図3-3　炭素量0.74%(0.7%程度)の炭素鋼の火花(JIS G 0566)

0.1%程度を境に炭素量が増えるにしたがい、流線の本数が増加し流線中に短い角状の火花を発生するようになります。

炭素量が0.5%を超えてくると流線数、角状火花のいずれもが増加し、図3-3のように火花全体として輝いた状態になってきます。さらに炭素量が0.7%を超えると、流線数、角状火花の発生量が増し、角状火花に粉状火花の加わった破裂状火花が加わり、火花全体の長さのやや短い寸詰まりの火花状態となります

　さらに炭素量が増し、1.0%程度に達すると、寸詰まりの火花に多数の流線と角状火花、破裂状火花が密集する特徴的なものとなります（図3-4）。

　このように手軽に炭素鋼の炭素量を知ることができる火花試験を適切に利用するには、成分のわかった材料で火花の発生状態を日頃から確認しておくことが必要でしょう。

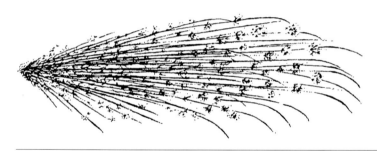

図3-4　炭素量1.0%(1.0%程度)の炭素鋼の火花(JIS G 0566)

③-② 熱処理の妥当性などを確認する金属材料の組織検査

　金属材料の組織試験は、使用する材料の特性や加工、熱処理の妥当性の確認、材質変化の確認などのために行われます。組織試験には、肉眼または10倍程度の拡大鏡を使用する図3-5(a)に示すようなマクロ試験、光学顕微鏡で50〜1000倍に拡大して観察する図3-5(b)に示すミクロ試験、電子顕微鏡による観察などの方法があります。

(1) 組織試験の手順
①製品からの試験用試料の切り出し

　製品の試験したい部分からガス切断やプラズマ、レーザ切断などにより、研磨試料の採取しやすい大きさに切り出します（この時、製品中に発生していた割れなどの欠陥を助長させないよう、また切断時の熱で組織変化を生じさせないよう注意します）。

②組織試験用試料の切り出し

　①で切断した試料から、専用の精密試料切断機もしくはこれに準ずる方法（湿式高速切断機あるいはメタルソー、のこ刃、フライス盤加工など）で試料を研磨しやすい大きさに切断します（大きすぎると余分な研磨作業時間が必要になります）。

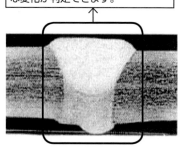
(a) 溶接部のマクロ試験結果

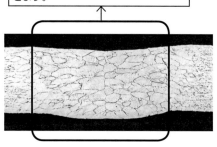
(b) 溶接部のミクロ試験結果

図3-5　マクロとミクロの組織試験結果の違い

③試験用試料の固定

観察面が平坦に研磨できるよう、図3-6に示す方法（専用の埋め込み機で樹脂に埋め込む方法や簡便な治具を用いる方法）で試料を固定します。

④粗研磨

エメリー研磨紙（一定の大きさの炭化ケイ素やアルミナ粒子を紙あるいは布に接着剤で塗り固めたもの）を用い、200番程度から1400番程度まで、粗い順に研磨していきます。この場合、図3-7のように1枚の研磨紙ごとで、1方向に前のキズがなくなるよう平行に研磨を行い、次の粗さの細かい研磨紙では、前の研磨方向と直角の方向に前の研磨線が消えるまで研磨します。なお、研磨は専用の研磨盤（ガラス板でもよい）面上で行い、研磨粉で研磨面にキズをつけないよう水を流し、行います。

⑤鏡面研磨

水あるいはアルコールに5μ程度のアルミナ粒子を混ぜた研磨液を加えながら、回転式研磨盤のバ布面上で粗研磨面を鏡面に仕上げます。この場合、より良好な研磨面を得たい場合は、6μ程度のダイヤモンドペーストで予備研磨し、バ布研磨や電解研磨（専用の機器が無い場合は、図3-8のような方法で電解研磨ができます）で仕上げを行います。

⑥腐食（エッチング）処理

組織試験では、観察しようとする試料材料に適した腐食液で、観察面の腐食されやすい組織と腐食されにくい組織で段差をつけ、その変化した状態を観察します。

目視で行うマクロ観察では、エメリー紙700番程度の粗研磨で研磨を留め、表3-1に示すやや濃い濃度のマクロ用腐食液で強く変色するやや

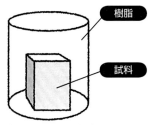

2液混合硬化型樹脂や粉末樹脂のホットプレスにより、樹脂内に試料を埋め込み固定します。

(a) 樹脂埋め込みによる方法

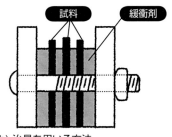

試料を緩衝剤で垂直に保持し、ボルトナットなどで両側の金属板内に固定します。

(b) 治具を用いる方法

図3-6　試料研磨のための試料の固定方法

エメリー研磨紙による試料の粗研磨は、平坦なガラス板の面上に置いたエメリー研磨紙で水を流しながら、試料の研磨面を平坦に保ち、1方向に研磨を行い、完全に1方向の研磨線に仕上がった時点で次の細かい目の研磨紙による研磨に移ります。

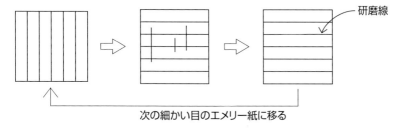

図3-7　研磨紙による試料の粗研磨

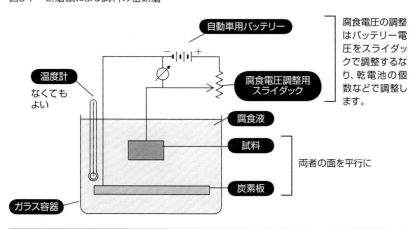

図3-8　簡易的な電解研磨方法

表3-1　各材料の腐食液

腐食状態	材料		
	炭素鋼	ステンレス鋼	アルミニウム合金
マクロ用	硝酸+アルコール（ナイタール液）	硝酸+塩酸（王水）塩酸+硫化銅水溶液	水酸化カリウム（ナトリウム（カセイソーダ）水溶液
ミクロ用	硝酸+アルコール（ナイタール液）	シュウ酸水溶液（電解腐食）	カセイソーダ水溶液リン酸水溶溶液

観察する材料に合わせた腐食液を使用し、腐食処理を行います。

オーバー腐食状態まで腐食を行い、表面の腐食物を流水でよく洗い落とします。十分に目視で観察可能であれば乾燥処理を行ないますが、不十分な腐食状態であれば再腐食を繰り返し、最後に乾燥処理で仕上げます。

　一方、顕微鏡で行うミクロ観察では、前処理により鏡面に仕上げた面を表3-1に示すミクロ腐食液に試料研磨面を浸す浸漬腐食、もしくは電解研磨と同じ手法による電解腐食により腐食します。この場合、オーバー腐食とならないよう、腐食面が薄く曇る程度まで腐食し流水で腐食面をよく洗浄し、乾燥処理で仕上げます。なお、いずれの方法の場合も、腐食処理前に試料の観察面の油や汚れを、アルコールを含ませた脱脂綿などでよく清浄しておきます。

(2) 試験結果の利用

　図3-5(a)に示したようなマクロ組織では、溶接や局部焼き入れによる明瞭な組織の変化の状態が確認でき、溶接部の溶け込みや熱影響の幅の確認、焼き入れ深さの確認などが可能になります。

　また、図3-5(b)のミクロ組織では結晶粒の大きさや種類が確認でき、**図3-9**では炭素鋼が炭素量でどのような組織状態になるかがわかります。

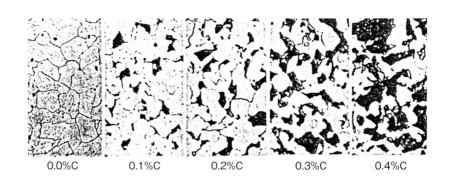

0.0%C　　0.1%C　　0.2%C　　0.3%C　　0.4%C

 炭素量が多くセメンタイトの量が増すにしたがって、白いフェライトに対し黒いパーライトの占める割合が多くなっていく様子がわかります。

図3-9　炭素鋼の炭素量と組織の関係

③-③ 機械的性質と密接な関係が ある硬さ試験

　素材となる材料が硬い、あるいは軟らかいといった性質は、製品を製作する段階やその製品を使用する段階で非常に重要な問題となります。加えて、材料の硬さは、その材料の強さや伸び、じん性などの機械的性質と密接な関係があり、しかも比較的手軽に測定できることから、ものづくり過程で広く利用されています。

　硬さの測定は、「圧子」と呼ばれる硬い球や円錐あるいは角錐の先端を材料表面に押し付け、これによって表面にできる凹みの大きさで硬さを判定します（同じ力で圧子を押し付けた場合、硬い材料では凹みが小さく、逆に軟らかい材料では凹みが大きくなります）。このような圧子を材料表面に押し付けて硬さを知る方法には、ビッカース硬さやブリネル硬さ、ロックウェル硬さなどの試験方法があります。なお、特殊な方法として、製品の表面に圧子を落下させ、そのはね上がり高さで硬さを判定するショア硬さ試験法などもあります。表3-2がそれぞれの方法の特徴で、測定の目的に合った方法を選択します。

(1) 各種の試験方法
①ビッカース、ブリネル硬さ試験

　ビッカース試験はダイヤモンド製四角錐圧子を使用し、加圧する荷重を100〜0.01Kgfの範囲で変更するだけで軟らかい材料から硬い材料まで幅広い硬さの測定ができます。また、形成される凹みが小さく、しか

表3-2　各試験方法の特徴

測定方法	特徴
ビッカース硬さ	微小部分の硬さや連続的に変化する硬さの分布が測定できる
ブリネル硬さ	材料の平均的な硬さが測定できる
ロックウェル硬さ	試験結果が硬さを表示し、簡便に硬さが測定できる
ショア硬さ	簡易に目安的な硬さが、製品で直接測定できる

も凹みの計測誤差が少ないことから、微小部分の硬さや連続的に硬さの変化する表面硬化材、溶接継手などの硬さの変化状態を知る場合にも有効な方法となります。なお、薄板などで、より微小な部分の硬さの測定が必要な場合は、荷重を1〜0.01Kgfと小さく抑えたマイクロビッカース硬さ試験機を使用します。

こうして測定されるビッカース硬さは、50HV30（Hは硬さ、Vはビッカース、30は荷重）のように表示され、標準時間を越える時間で測定した場合は/20（20秒負荷）を付け加えます。

試験は試料を図3-10の①のXYテーブル上の固定治具②で固定し、ハンドル③で④の圧子先端位置近くまで材料面を移動させ、⑤の測定開始スイッチを押します。この測定開始時から2〜8秒後に測定設定荷重に達し（到達ランプが点灯）、その後10〜15秒間負荷して凹みを形成させます。負荷時間終了時点で、③によりテーブルを下げ、⑥のターレットで⑦の読み取り対物レンズを凹み位置に移動、⑧の読み取り顕微鏡で凹み対角線長さを測定、測定値から換算表で硬さを求めます（最近の試験機では、こうした手順を⑨の操作パネルに登録、自動的に硬さが求められます）。

②ブリネル硬さ試験

同様の方法で測定されるブリネル硬さ試験では、通常、直径10mmの鋼球圧子を3000kgfの荷重で測定します。なお、材料の硬さや大きさ、測定範囲により、鋼球の径が10mmでは3000〜100 kgfの範囲で（予備

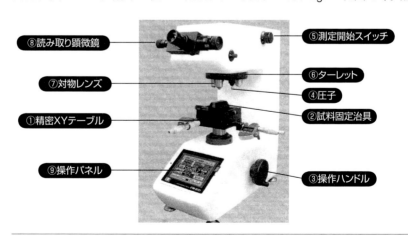

図3-10　ビッカース硬さ試験機（富士試験機製作所）

的試験で凹み径が圧子径の25〜60％になるような荷重に設定)、5mmでは750〜25 kgf、2.5mmと1mmでは30〜1 kgfの範囲で設定します。測定された凹みの直径は表3-3のような換算表を利用して硬さに換算します（最近の試験機では、計測から硬さ表示まで自動で行われる方式になっています）。

　ブリネル硬さは、鋼球により大きな凹みを形成させて測定することから材料の平均的な硬さの測定に適し、一般的には350HB（Hは硬さ、Bはブリネル）のように表示されます。なお、測定条件を合わせて表示する場合はHBの後にW5（圧子径5mm）/750（荷重750kgf）を付記、さらに標準時間を越えた負荷時間を掛けたい場合は/20（20秒負荷）を付け加えます。

　なお、ブリネル硬さ試験で表3-3のような硬さの換算表を用いる換算方法は、まず、計測の目的に応じた直径の圧子を選び、予備試験で得られる凹み直径が圧子直径の50％程度になる荷重を設定、測定します。たとえば、10mmの鋼球圧子で3000kgf（29.42kN）の荷重で測定すれば、表中の0.124F/D2は30となり、その条件で計測された凹み直径が2.42であればブリネル硬さ643が求まります。同じ凹み直径が1500kgf（14.71kN）の荷重で計測されれば321、500kgfの荷重であれば107となります（なお、5mmの鋼球圧子で750kgf（7.355kN）の荷重で測定すれば0.124F/D2は30、1mmの鋼球圧子で30kgf（294.2N）の荷重で測定すれば124F/D2は同じく30となり、同様の方法でこの表から求められます）。

表3-3　ブリネル硬さ試験での硬さの換算表

圧子の直径 D mm				$0.102F/D^2$					
				30	15	10	5	2.5	1
				試験力　F					
10				29.42 kN	14.71 kN	9.807 kN	4.903 kN	2.452 kN	980.7 N
	5			7.355 kN	—	2.452 kN	1.226 kN	612.9 N	245.2 N
		2.5		1.839 kN	—	612.9 N	306.5 N	153.2 N	61.29 N
			1	294.2 N	—	98.07 N	49.03 N	24.52 N	9.807 N
くぼみの直径 d mm				ブリネル硬さ HBW					
2.40	1.200	0.600 0	0.240	653	327	218	109	54.5	21.8
2.41	1.205	0.602 4	0.241	648	324	216	108	54.0	21.6
2.42	1.210	0.605 0	0.242	643	321	214	107	53.5	21.4
2.43	1.215	0.607 5	0.243	637	319	212	106	53.1	21.2
2.44	1.220	0.610 0	0.244	632	316	211	105	52.7	21.1

③ロックウェル硬さ試験

　この方法の試験手順は、①鋼球圧子（Cスケール）あるいはダイヤモンド製円錐圧子（Bスケール）を、予備荷重10 kgf（98.07N）2秒程度負荷した後、さらに150 kgfの本荷重を加えて2～3秒間負荷します（予備と本荷重の総負荷時間は4±2秒になるようにします）、②予備荷重の状態にもどし、その状態でくぼみの深さ（試験機のダイヤルゲージの目盛）を読み取り、記録します（ロックウェル硬さ試験では、この時点で読んだダイヤルゲージ値が硬さを表示するものとなり、測定が容易になります）、の順で行います。この手順により鋼球圧子で測定した硬さは60HRC、ダイヤモンド製円錐圧子で測定した硬さは60HRBのように表示します。

④その他の硬さ試験

　その他の硬さ試験法としては、先端にダイヤモンドを取付けた鋼棒を一定高さから測定面に落下させ、はね上り高さからその硬さを直接目盛ゲージに表示する図3-11のような試験機を用いるショア硬さ試験があります（その硬さは30HSのように表示します）。この試験では、製品状態で簡便に計測できるものの、測定値の信頼性にやや欠ける欠点があります。

　そこで、最近では、図3-12のようにビッカース試験の圧子を先端に取り付け、測定面にこれを接触させた状態で超音波の振動を与えることで硬さが測定できるような超音波硬さ試験機なども開発されています。

(2) 試験結果の利用

　一般的に、金属材料では硬い材料は強度が大きく、伸びが少なくなる傾向を示し、材料の硬さを調べることによって以下のようなことがわかってきます。

①材料の機械的性質の推定

　表3-4が各種硬さと引張り強さの関係をまとめて示したもので、硬さを測定することで材料のおおまかな強さが推定できるようになります。なお、測定した硬さの値に近い硬さがない場合は、その間の硬さ、強さを比例配分で求めます（得られる値はあくまでも目安です）。

　一方、表3-5は、各種材料の硬さと機械的性質の関係です。表中のアルミニウム合金で32H材は圧延による加工硬化で材料を硬くし強度を高めた材料、O材は圧延による加工硬化を焼きなまし処理で取り去った

重りを落下させ、衝突後の跳ね上がり高さで硬さを測定します。

超音波の振動で小さな凹みを形成させ、その大きさで硬さを測定します。

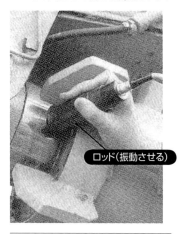

図3-11　ショア硬さ試験機

図3-12　超音波硬さ試験機

表3-4　各種硬さ試験値と強さの関係

強さ(kgf/mm²)	59	75	100	124	149	172	195	214
HV(50kgf)	180	230	302	372	446	513	577	633
HB(3000kgf)	171	219	286	353	421	475	—	—
HRC(150kgf)	(6)	(18)	30	38	45	50	54	75
HRB(100kgf)	87.1	96.7	(105.5)	—	—	—	—	—

→ これらの関係を参考にすることで、材料の判別や材料の熱処理状態を知ることができるようになります。

表3-5　各種材料の硬さと強さ、伸びの関係

材料	硬さ(HRB)	硬さ(HV)	強さ(kgf)	伸び(%)
SPC	102	118	31.0	44
SUS430	150	158	50.0	30
SUS304	187	196	63.0	65
A5052-O	49	60	19.7	25
A5052-32H	70	78	23.2	12

材料です。このように材質的にはわかっている材料でも、熱処理などの処理状態の不明な場合は硬さの測定によりわかってくるのです。

②破断にいたる材料の変形の推定

　図3-13は、オーステナイト系ステンレス鋼SUS304溶接材の破断にいたる変形の推移を検証するため、引張試験で素材と溶接材を破断させ、その破断部の硬さを測定した結果です。検証に使用した素材の硬さは250HV程度で、これを溶接した溶接部は345HV程度まで硬化しています（これらの測定値は、やや大きい値で測定されています）。

　図の素材の破断部に着目すると、破断部はくびれ発生後の大きな局部伸びによる加工硬化で素材の約1.75倍程度の434HVまで硬化しており、大きな変形をともなった破断であったことがわかります。加えて、破断部から離れた素材部もくびれを発生するまでの一様の伸びで、素材の1.4倍程度までの硬化が認められます。すなわち、くびれを発生するまでは材料全体が一様に伸び、その後はくびれを発生した部分に変形が集中いて破断したことがわかります。

　一方、溶接材では、いずれの部分の硬さも試験前の溶接部硬さにほぼ等しい状態となっています。このことから、初期の段階では硬い溶接部は変形せず、残った素材部が溶接部硬さに達するまで一様に伸び（この素材部の一様な伸びによる加工効果で、溶接部に等しい硬さに達します）、以後は加工硬化のほとんど無い溶接部が（溶接部の破断位置でも硬さが変化していません）軟らかく、溶接部に伸びが集中し、くびれを発生して破断したことがうかがえます。このように硬さを測定することで、変形の推移などが推定できるのです。

ここがポイント！

同じ材料でも、硬さ試験の方法で、表示や硬さの値が異なります。

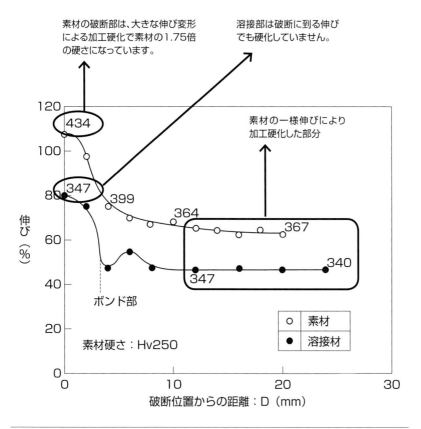

図3-13 破断部での硬さの分布状態

③-④ 材料の引張強さや破断する過程を調べる引張試験

　一定の形状に加工した板あるいは丸棒の試験片を引張試験機にかけて、試験片が破断するまで徐々に引張り力を加え、材料の引張強さや破断する過程の荷重と変形量の関係を調べるのが引張試験です。

(1) 引張試験の手順
　引張試験の試験手順は、
① 一定の形状に加工した引張試験片（JISを参照）を準備。
② 図3-14のように試験機の試験片つかみ部に、板あるいは丸棒など試験片形状に合ったつかみ工具（チャクホルダ）をセット。
③ 移動ベッドを上下させ試験片長さにベッド間距離を調整、しっかりと試験片を固定。
④ 伸び計を試験片中央部にセットし、伸び計信号コードと記録装置とを接続。
⑤ ゆっくりと荷重を加え（この時、チャクホルダで試験片が確実に食いつくようにします）、試験片が破断するまで荷重を加える。
⑥ 試験片の破断後は負荷状態を解除し、移動ベッドを元の位置に戻し、

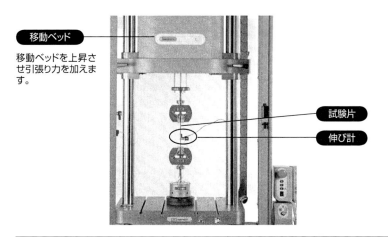

図3-14　万能試験機による引張試験（インストロン ジャパン カンパニイ リミテッド）

破断面をキズつけないよう試験片を取り外す。
の順で行います。

(2) 応力ひずみ線図

引張試験では、基本的には、材料を引張って破断させ、その時の破断荷重（材料の強さ）を求めます。ただ、試験に伸び計を付加しておくと、図3-15に示す荷重変形線図が求まり、材料のいろいろの特性がわかるようになります。

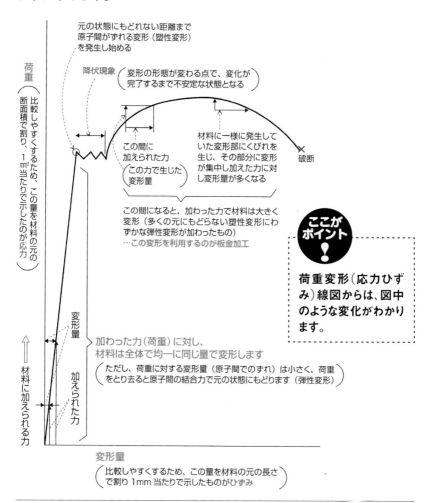

図3-15　荷重変形（応力ひずみ）線図((トコトンやさしい「板金」の本)

たとえば、金属材料では鉄であれば鉄原子、アルミであればアルミ原子が1つひとつ独立し、互いに引き合う力により結晶格子と呼ばれる一定の配列状態を保つことで成り立っています。したがって、金属材料に力（荷重）が加わると、構成している原子間の距離を変え（ひずみを発生）変形します。同時に、原子どうしの結合力により、加わった力だけ元に戻そうとする内力も発生します。

この時、図3-15に示すように荷重が小さい場合は、荷重を取り除くと、この引き合う内力で元の状態に戻ります（こうした変形が弾性変形です）。しかし、荷重が降伏点あるいは耐力と呼ばれる大きさを超えると、弾性変形に加え元に戻らない塑性変形が発生します。さらに荷重を加えると、材料全体に一様に伸びていた変形は材料内部の原子配列の欠陥などの欠陥部分に集中し、この部分での変形量が急速に増加し断面積が減少、最終的に破断してしまいます。

こうした荷重と変形の発生状態の関係を図示したものが荷重変形線図で、通常は、荷重を単位面積当たりで示した応力、変形量を単位長さ当たりで示したひずみに置き換えた応力ひずみ線図として利用されます。

この応力ひずみ線図からは、
① 強さ（応力ひずみ線図の最大荷重を試験前の試験片断面積で割った値）。
② 降伏点（応力ひずみ線図の変移点の荷重を試験前の試験片断面積で割った値、なお明瞭な変移点の現れない材料では0.2％の塑性ひずみを発生する荷重を試験前の試験片断面積で割った耐力と呼ぶとします）。
③ 伸び（伸び計で求まる標点間の最大伸び量を標点間距離で割り％で表示した値）。
④ 絞り（試験片の破断部の断面積と試験前断面積との差を試験前断面積で割って％で示した値）、⑤加工硬化係数（材料が加工により硬くなる程度）。
などが求められます。

（3）試験結果の利用

① 製品設計などへの利用

製品の設計では、製品の各部材に発生する応力を、材料の強さあるいは降伏点（降伏応力）に安全率を掛けた降伏点よりはるかに低い応力状態とすることで製品の安全を確保しています（したがって、これらの値は、

製品設計上で重要な値となります)。また、伸びや加工硬化の値は、材料の変形の特徴や加工の目安、加工過程での変形特性を知るのに利用できます。

②使用する材料の各温度における性質変化を知るのに利用

　金属材料の機械的性質は使用する温度条件によって変化し、基本的には、低温では変形しにくく強い反面、伸びが少なくなります。逆に、高温になるにしたがって原子間での引き合う力がゆるみ、変形しやすく強度が低下する傾向を示します。

　表3-6は、こうした関係を各種アルミニウム材についてまとめたもので、ジュラルミンA2024材では上述の傾向が認められます(他の多くの金属材料では、より明瞭に表れます)。ただ、純アルミやA5052材では、常温付近で伸びが最小となる特異な変化が認められますが、これはアルミニウム材特有の現象です(いずれにせよ、アルミニウム材は、－200℃といった極低温でも強さ、伸びとも十分な性能が確保されており極低温用装置などに利用されるのです)。

表3-6　各種アルミニウム材料の温度と機械的性質の関係

材料	温度(℃)				
	-195	-80	25	150	315
純アルミニウム (A1100)	16.9 (55%)	10.5 (48%)	9.1 (35%)	6.0 (55%)	1.8 (80%)
ジュラルミン (A2024)	58.4 (11%)	50.6 (10%)	48.5 (10%)	31.6 (17%)	5.6 (75%)
アルミニウム合金 (A5052)	30.9 (45%)	21.1 (36%)	19.7 (30%)	16.9 (10%)	5.3 (110%)

> 表中枠内の上段数値が引張強さ(kgf/mm²)、下段数値が伸びで、A1100材やA5052材の伸びの変化に常温で最小となる特異な傾向が見られますが、多くの金属材料ではA2024のように温度が下がるにしたがって伸びが少なく、強度は大きくなる傾向を示します。

③-⑤ 変形部での割れ発生などを観察する曲げ試験

　建物の柱と柱の間にかかる梁（ハリ）のような部材では、中心部で撓む曲げ変形が発生します。このような変形を生じる部材では、図3-16のように内側の面では圧縮され縮む変形が、外側の面では引張られ伸びる変形が生じます。

　この場合、伸び変形を生じる側の材料表面近くにキズや欠陥が存在すると、それらの欠陥から割れを発生し、破断の起点になることも考えられます。こうした曲げ荷重を受ける部材の、変形部での割れ発生などを観察することで材料表面部の品質を調べるのが曲げ試験です。

(1) 曲げ試験の方法

　曲げ試験では、図3-16のように、先端に材料（板厚 t ）の種類や板厚で決まる曲率（半径 r ）の曲面をもつ押し金型を、先端曲面の直径に板厚の3倍の長さを加えた距離（2 r +3t）に設定した支持ローラの間に両端が拘束されていない試験片をセットし、押し金型で試験片中心を押し下げ、必要な角度になるまで試験片に曲げ変形を与えます（ローラ曲げ試験です）。

　このローラ曲げと同じ状態となるよう、図3-17のような支持金型を使用する方法（型曲げ試験）なども使用されます。試験は、引張り試験などに用いられる万能試験機を用いて行いますが、図3-18のように手押しジャッキなどを利用する簡便な方法でも可能となります。

　なお、評価したい部分に硬さの極端な違いの生じる異材接合継手などの場合、標準的な曲げ試験では硬い部分がほとんど変形せず、柔らかい部分との境界で折れ曲がって変形し、目的とする部分の曲げ評価ができなくなります。こうした場合は、試験片の片端を固定し、押しローラで軸金型に試験片を沿わすように曲げていく巻き付け曲げ試験を使用します（簡易的には、別の板材を重ねて一端を溶接で固定、ローラ曲げあるいは型曲げで試験することでも可能になる場合があります）。

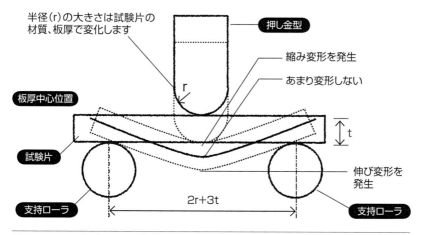

図3-16　ローラ曲げによる曲げ試験

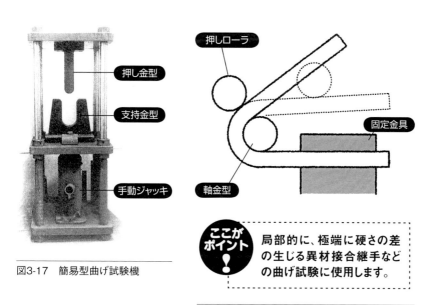

図3-17　簡易型曲げ試験機

ここがポイント！ 局部的に、極端に硬さの差の生じる異材接合継手などの曲げ試験に使用します。

図3-18　ローラ曲げ試験

(2) 曲げ試験でのひずみ量と試験結果の利用

①曲げ試験によるひずみ量

　曲げ試験では、材料表面に割れなどが発生した時点（曲げ試験片直下に置いた鏡などで確認）の曲げ角度は数値化できますが、どの程度の伸び変形での割れ発生であったかは不明です。そこで、試験前の同一素材表面に一定間隔のケガキを施して曲げ試験を行い、一定の曲げ角度に達した時点で試験を中断、試験片を取り出し各位置でのケガキ間距離の変化状態から伸び変形量を求めます（曲げ面のケガキ線内に光明丹などを塗り込み、これを透明テープなどに転写し直線にして長さを読み取り元の長さで割って求めます）。

　こうした方法で求めた曲げ角度と曲げ中心位置からの各位置でのひずみ量の関係が図3-19です。曲げ試験では、曲げ角度θを60°以上に曲げても、試験片中心の試験部分はほとんど変形せず、この部分から離れた肩部分で変形が進みます。したがって、曲げ試験で試験観察部分に与えられるひずみの量は比較的少ないことがわかります。

②SUS430溶接材の曲げ試験結果の検証

　図3-20は、溶接部がぜい化するSUS430の各種溶接材の曲げ試験結果を図3-19の結果を利用して検証した結果です。図に示すように、溶接部の結晶粒が大きく粗粒化しもろくなるTIG溶接材では、5％以下のわずかなひずみ発生で早期に割れを発生しています。これに対し、接合部に加圧力を加え鍛圧効果で結晶粒を小さくできるフラッシュバット溶接では、25％を超えるひずみに対しても割れを発生せず曲げ性能としては合格の品質に改善されています。

③アンダーカット発生軟鋼溶接部の曲げ試験結果

　図3-21は、材料表面にアンダーカットのような形状欠陥を発生している溶接部の曲げ試験結果です。ほぼ同じような形状のアンダーカット欠陥であっても、わずかな深さや形状の差で割れを発生するものもあれば、割れを発生しないもののあることがわかります。

　なお、X線試験などでは検出が難しい、表面近くにある材料内部の微小欠陥でも曲げ試験で検出できることがある一方で、板厚方向の中心部近くの比較的大きい内部欠陥でも曲げ試験で検出しない場合があります。このように、いろいろの曲げ試験結果の事例を他の試験方法の結果との関連で評価することで、より精度の高い検証が可能となります。

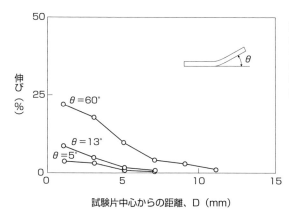

図3-19　曲げ試験による材料の変形

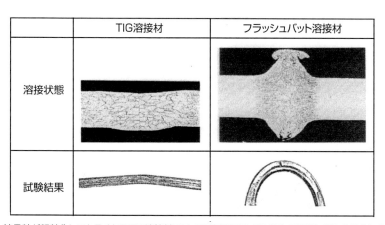

結晶粒が粗粒化してもろくなるTIG溶接材では、5%以下のひずみ発生で早期に割れを発生しますが、溶接部の結晶粒を小さくできるフラッシュバット溶接では、25%を超えるひずみに対しても割れを発生せず、曲げ性能としては合格の品質を示します。

図3-20　曲げ試験結果に及ぼす溶接状態の影響

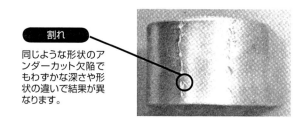

同じような形状のアンダーカット欠陥でもわずかな深さや形状の違いで結果が異なります。

図3-21　アンダーカットを発した生軟鋼溶接部の曲げ試験結果

③-⑥ 材料の張出し成形性を評価する張出し試験

　張出し試験（エリクセン試験）は、図3-22に示すように周囲材料の流れ込みを拘束力により、局部的に抑えた材料の中心部（拘束力の作用しない自由に変形できる部分）を、球状ポンチで上方に押し上げ、この部分の材料に全方向に均一な伸び変形を与える試験方法で、材料に割れが発生するまでのポンチ上昇高さ（エリクセン値Er）で材料の張出し成形性を評価します。

　また、あらかじめ、試験の過程でのエリクセン値と試験片各位置での変形量を求めるなどの工夫で、材料が破断するまでの変形特性を知ることも可能になります。

　図3-23が張出し試験で得られる試験結果例で、(a)がマグネシウム合金素材の試験結果です（変形が生じ始めた頂点部でただちに割れを発生しており、成形加工性がきわめて乏しいこの材料の加工性が具体的に見える形でわかります）。

　また、(b)は溶接などの熱加工でもろくなるフェライト系ステンレス鋼SUS430溶接材の試験結果で、引張り試験では素材部から破断する（溶接の継手効率100％）この材料の溶接部も、張出しによるわずかな変形で割れを発生しており、そのもろさ程度がよくわかります。

(1) 張出し試験の手順と試験での変形特性

　張出し試験の試験手順は、
① 試験材から、調べたい材料位置が中心位置となるよう90mm×90mmあるいは直径90mmの試験片を切り出す。
② しわ押え力（成形による周囲材料の流れ込みを押さえるための荷重）の作用する中心部を除く試験片表面に、グラファイトグリスなどの潤滑剤を塗布。
③ 試験機中心の所定位置に試験片をセットし、押え金型でしわ押え力を作用させる。
④ 試験片裏面にポンチの頭部が当たった状態でポンチストローク高さを0位置にセット。

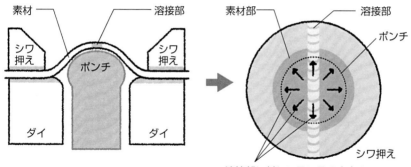

シワ押えで周囲材料の流れ込みを抑えた材料の中心部を上昇するポンチで全方向に均一な伸び変形を与え、割れが発生するまでのポンチ上昇高さ（エリクセン値Er）で材料の成形性を評価します。

図3-22 張出し試験方法

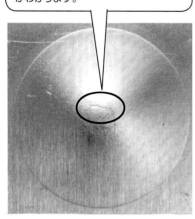

(a)マグネシウム合金素材の場合

わずかな変形をうけた時点で割れを発生、変形能の乏しい材料であることがわかります。

(b) SUS430溶接材の場合

溶接部のぜい化で、この部分にわずかな変形を生じさせる成形の初期段階で割れを発生しています。

図3-23 張出し試験結果例

⑤試験を開始し、試験片に破断が生じるまでポンチをゆっくりと上昇させ、破断した時点のポンチ高さ位置(エリクセン値)を読み取る(破断後、ただちに負荷状態を解除しポンチを元の位置まで戻す)。
⑥試験片を取り外す。
の順で行います。

　こうした手順で行う通常の張出し試験で得られる情報は、図3-23に示したような材料の加工性、あるいは材料の違いによる加工性の差といったものです。そこで、曲げ試験においての曲げ角度と伸び変形量の関係を求めた方法と同じ方法で、各エリクセン値(Er)での試験片各位置の伸び変形量を求めた結果が図3-24で、以下のような特性で変形していることがわかるようになります。

　試験の初期段階では、ポンチ頭部で押し上げられる試験片中心部で伸び変形を発生、第2段階となるErが7程度までは、試験片中心位置を中心にその周囲部分も少しずつ変形、Erが7を超えると試験片中心位置の材料とポンチ頭部とが密着し変形が止まり、材料とポンチが接触していない中心位置から少し離れた部分での変形が急速に進みます。

　さらに成形を進めると材料とポンチの接触が増し、最大の伸び量を示す位置が少しずつ試験片中心から離れていきます(この伸び変形で、材

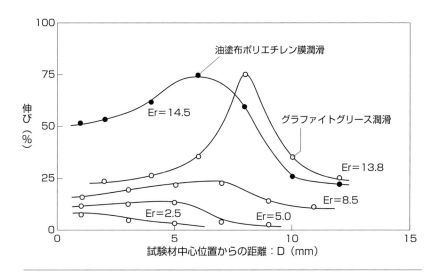

図3-24　張出し試験における材料の変形

料の許容の伸び量を越えた位置で破断します)。なお、ポンチと材料間の摩擦抵抗を小さくするよう工夫した油塗布ポリエチレン膜潤滑では、頂点近い位置でも50%を越す伸びを与えることができるようになります。

(2) 試験結果の利用
①素材の違いによる成形性の差違

標準的な変形能を示す軟鋼板(SPC材)にほぼ近い成形性の図3-25(a)フェライト系ステンレスSUS430素材ではErが10程度、(b)の成形性の優れるオーステナイト系ステンレスSUS304素材ではErが13.5程度、(c)のやや成形性の劣るアルミニウム合金A5052(H32)素材ではErが7.5程度で、素材の違いによる成形性の差違がよくわかります(図3-25)。

なお、図3-24の結果を利用すると、その破断部での伸び量は、SUS430素材でDが7mm位置付近で35%(引張りでは30%程度)、SUS304素材でDが13.5mm位置付近で70%(引張りでは65%程度)、A5052(H32)素材でDが3mm位置付近で20%(引張りでは14%)と、ほぼ引張り試験のものに近いことがわかります(張出し試験による伸びが引張り試験のものよりやや多くなっているのは、機械操作の関係などによると考えられます)。

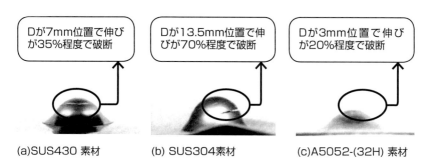

図3-25 素材の違いによる張出し成形性の差異

②SUS430溶接材の成形性改善の検証

図3-26は、溶接部のぜい化するSUS430溶接材の成形性を溶接法の選択や素材材質の改良で改善するための検討結果です。(a)のTIG溶接材では、もろい溶接部の幅が広く、この部分がわずかに変形するだけで割れを発生しています。これに対し、(b)のもろい溶接部の幅を狭くした電子ビーム(EB)溶接材や(c)の素材炭素量を極低炭素に抑えた改良材のTIG溶接材では、図3-26(a)の素材に近い程度まで成形が可能となっており、これらの方法で成形性を改善できることが確認されます。

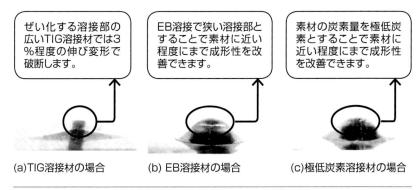

(a)TIG溶接材の場合　　(b) EB溶接材の場合　　(c)極低炭素溶接材の場合

図3-26　素材の違いによる張出し成形性の差異

3-7 材料のクリープ特性を調べるクリープ試験

　金属材料では、低温で脆くなる特性を示す一方、高温状態では、降伏点以下の小さな荷重であっても時間の経過にともなって塑性変形が進み、長い時間での変形の累積で破断に到ってしてしまうクリープ現象と呼ばれる特性を示します。

　こうした材料のクリープ特性を調べるのがクリープ試験で、この試験で得られるのが図3-27に示すクリープ曲線です（図はステンレス鋼SUS304材を600℃一定で、16kgf/mm^{2}の荷重をかけ続けた場合の結果です）。

　クリープ曲線からは、

① 荷重を加えた直後に現れる初期ひずみ量（図中のε_0）の段階から、0.1％程度の伸びひずみ量となるまでのひずみ増加速度がゆっくりした第

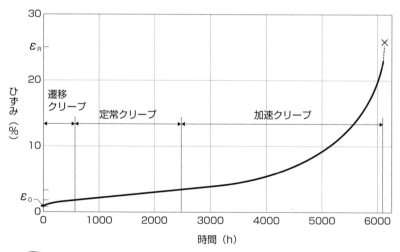

クリープ破断は、降伏点以下の小さい荷重状態であっても、高温下では図のような遷移―定常―加速のクリープ現象を経て、長い経過時間の後に発生します。

図3-27　クリープ試験で得られるクリープ曲線

1段階(図中の遷移クリープ状態)。
②ほぼ一定速度でひずみ量が増加していく第2段階(図中の定常クリープ状態)。
③変形速度が急激に大きくなる第3段階(図中の加速クリープ状態)。
を経て破断することがわかります。

(1) クリープ試験の手順
クリープ試験は、次の手順で行います。
①一定断面形状の板あるいは丸棒の同一試験片を複数個準備する。
②一定の高温状態で一定の引張り荷重が負荷できるクリープ試験機に、試験片をセットする。
③設定した温度で荷重をかけ、材料を破断させる(この間、試験片温度や試験条件が一定に保持されているかを確認、記録します)。
④試験片破断後は、図3-27に示すようなクリープ曲線を記録する。

(2) 試験結果の利用
クリープ現象をともなう材料の設計を行う場合、そのクリープ強度は、いろいろの温度条件、荷重条件で得られたクリープ破断強度を温度と破断時間、応力の関係でまとめた図3-28のような線図からから製品の使用条件に一致する破断応力を求めて利用します。

なお、高温下で固定されている材料に加熱、冷却の温度変化が加わる製品(たとえば自動車エンジンのバルブ部品など)では、一定の距離の中で膨張・収縮することで応力(熱応力)を繰り返し発生すると考えられ、熱疲労による破断の発生が考えられます。こうした熱応力の発生する製品の場合で、しかも発生する温度差が大きい場合や高温下で作用する荷重が大きい場合では、クリープ破断に達する時間が極端に短くなることも考えられ、クリープ現象に加え熱疲労の問題についても考慮する必要があります。

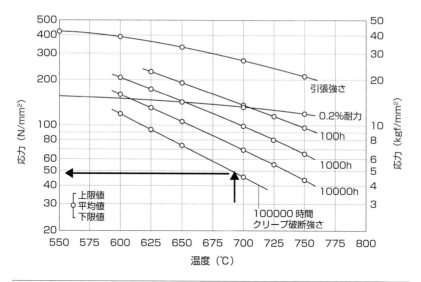

図3-28 温度、保持時間、クリープ強さの関係例

製品の使用条件を700℃で100000時間と設定すれば、47N/mm²程度のクリープ強度を示す材料が必要であることがわかります。

③-8 材料のもろさ（ぜい性）を調べる衝撃試験

阪神大震災において、強いはずの鉄骨の一部が図3-29のように、ほとんど変形せず一瞬にして破断したことをうかがわせる破壊が生じました。類似の破壊は、過去に大型の貨物船やタンカーなどでも発生しています。

製品に、ある大きさの力が加わった場合、最大荷重までゆっくり達する静的な荷重状態では、破断にいたるまでに変形し、持ちこたえる可能性があります。これに対し、瞬時に最大荷重に達する衝撃荷重では、ほとんど変形できず、もろく一瞬に破断にいたってしまうのです。こうした荷重が作用した場合の材料のもろさ（ぜい性）を見出すのが衝撃試験です。

(1) 衝撃試験の手順

衝撃試験は、図3-30に示すような一定の重さの振り子を所定の高さで保持し、この位置から振り下ろし、切り欠き溝を付けた試験片に衝突させます。その後、振り子は、破断した後に残ったエネルギーで振り上がって行きます。この時の材料を破断するのに費やされたエネルギー（吸収エネルギー）は、振り子が振り上げられ落下していく過程でもつエネルギーから、破断後に振り子を振り上げる残ったエネルギーを引くと求まります。この吸収エネルギーの大きさにより、その材料の衝撃荷重に対する性能を判定します。

なお、試験の方法としては、両端で保持した試験片の切り欠き溝位置を振り子で叩くシャルピー試験法と、片側で保持した試験片の他端を叩くアイゾット試験法の2種類がありますが、一般的にはシャルピー試験法が用いられます。

(2) 衝撃試験による試験結果

材料が伸びのないぜい性の特性を示すには、①セラミックスや鋳鉄のように材料自体がもろい場合、②加重の作用速度が極めて速い場合、③常温状態ではじん性のある一般的な金属材料が－20℃程度以下でもろ

図3-29 荷重速度の特段に速い衝撃荷重による鉄骨材の破断例

（破断部の材料がほとんど変形せず、破断面が平坦なぜい性破面状態で破断しています。）

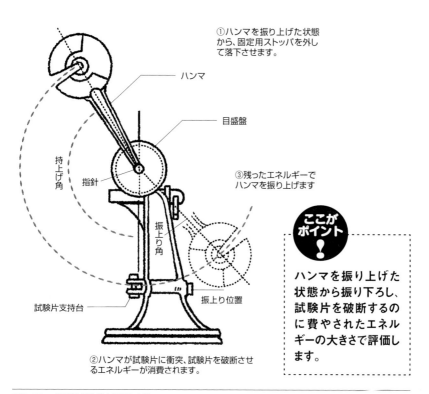

①ハンマを振り上げた状態から、固定用ストッパを外して落下させます。

ハンマ
目盛盤
③残ったエネルギーでハンマを振り上げます
持上げ角
指針
振上り角
試験片支持台
振上り位置

②ハンマが試験片に衝突、試験片を破断させるエネルギーが消費されます。

ここがポイント！
ハンマを振り上げた状態から振り下ろし、試験片を破断するのに費やされたエネルギーの大きさで評価します。

図3-30 衝撃試験機と試験方法

くなる場合（低温ぜい性）、④炭素鋼材料が青くなる200℃程度に加熱された場合（青熱ぜい性）、などの条件が必要です。

　そこで、一般的な衝撃試験では、いろいろの温度状態で試験を行い、試験結果で得られる試験温度と吸収エネルギー（ぜい性破面率でもよい）の関係を図3-31のように求め、吸収エネルギーが激減する温度（遷移温度）や一定温度での吸収エネルギーを比較することで評価します。

　衝撃試験において、もろく、ぜい性を示す材料の場合、伸び（縮み）で変形する部分が無く、一定の方向に引き裂くようにほぼ平坦でザラザラした面の状態で破断します（この平坦な破面には、破断の進展にともなう魚の骨状のシェブロン模様と呼ばれるスジ状模様が発生します）。

　一方で、温度が高く延性を示す材料では、破断部外周で延性破断した後、残った部分が引き裂かれ平坦なぜい性破面で破断します。このように衝撃試験による破面は、図3-31のように温度が低く材料がぜい性となる度合いで、破面全体に占めるぜい性破面の割合（ぜい性破面率）が多くなり、温度と吸収エネルギーの関係とまったく逆の関係となります（したがって、材料の衝撃荷重に対する特性は、ぜい性破面率でも表すことができるのです）。

(3) 試験結果の利用

①低温用装置材料開発などへの利用

　一般の金属材料では、図3-31に示すように温度が低下すると低温ぜい性でもろくなります。表3-7は、衝撃試験で各種鋼の温度と吸収エネルギーの関係を求めたもので、0.2％炭素鋼では－25℃程度の吸収エネルギーが常温の40％程度に低下し、－100℃前後で吸収エネルギーが0に近い完全なぜい性材料となっています。

　そこで、炭素鋼にニッケルを添加すると、表のようにニッケル添加量の増加にともない遷移温度が低温側に移ります。特に、8.5％以上のニッケルを添加すると－100℃で常温の90％、－200℃でも45％を超える吸収エネルギーが確保できるようになっています。このように、低温用装置としてどの程度の温度で使用するかにより、必要なニッケル添加量の目安が求められます。

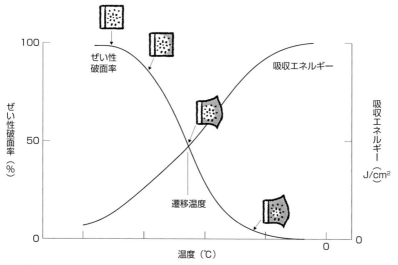

 衝撃試験では、温度の低下にともない、もろく変形の乏しいぜい性破面となり、吸収エネルギーも少なくなります。

図3-31 試験温度と衝撃試験結果の関係

表3-7 各種鋼の温度と吸収エネルギーの関係

材料	吸収エネルギー(kgf·m)				
	25℃	0℃	−25℃	−100℃	−200℃
0.2%炭素鋼	7.5	6.0	3.0	0.3	−
2%Ni鋼	8.5	8.0	7.5	2.0	−
7%Ni鋼	7.5	7.0	6.5	5.0	1.0
8.5%Ni鋼	6.0	5.8	5.5	5.0	2.5
13%Ni鋼	5.0	5.0	5.0	5.0	4.0

 通常の炭素鋼では−25℃程度で吸収エネルギーが急激に低下しますが、ニッケルを添加すると改善され、8.5%以上のニッケルを添加することで大幅な改善効果が得られるようになります。

②新しい鉄骨建築用鋼の開発への利用

　従来から鉄骨建築用に使用されてきた一般構造用鋼SS材は、表3-8のようにその成分組成は規定されず、一定の強さ以上を満足することのみが規定されていました。しかし、阪神大震災のような地震では、一部のビルに図3-29に示したような破壊を生じてしまいました。そこで、表3-8のように、溶接によってもじん性が確保される溶接構造用鋼SM材と同等の成分組成に規定することで、強度とともにじん性が確保される建築構造用鋼SN材が開発されているのです。

　さらに、この材料を溶接する場合、従来のような大電流・大入熱でしかも連続の溶接を行っては、溶接金属の冷却速度が遅く溶接部の吸収エネルギーはせっかく改善したSN素材の1/2以下に低下してしまいます。そこで、従来のYGW11溶接用ワイヤに代わって、大入熱や連続の溶接でも、溶接部のじん性が十分に確保されるYGW18溶接用ワイヤが開発されているのです。

　このようにじん性が求められる素材の開発やその溶接のための溶接材料の開発に衝撃試験結果が利用されます。

表3-8　各種構造用鋼のJIS成分組成

材料		C	Si	Mn	P	S
一般構造用鋼	SS400	—	—	—	≦0.050	≦0.050
溶接構造用鋼	SM400(B)	≦0.22	≦0.35	0.60〜1.40	≦0.035	≦0.035
建築構造用鋼	SN400(B)	≦0.22	≦0.35	0.6〜1.40	≦0.030	≦0.015

ここがポイント❗ 阪神大震災のような地震にも耐えるよう、建築構造用鋼SN材では、じん性の確保できる成分組成で、しかも強さも満足できる材料になっています。

③-⑨ 各種部材の疲労強さを調べる疲労破壊試験

工作機械や自動車、鉄道車輌、航空機の各種部材、ボルトなど締結部品には引張りや圧縮、曲げ、ねじり、衝撃などの荷重が繰り返し加わっています。このように荷重が繰り返し加わる部材では、長い使用期間を過ぎたある日、通常の運転状態で突然破壊が生じ、動作不能やケガなどの災害発生につながることがあります。こうした繰り返しの荷重による破壊を「疲労破壊」と呼び、静的ではまったく問題とならないような大きさの荷重であっても破壊を生じることがあるのです。

(1) 疲労破壊試験の手順

疲労破壊試験は、図3-32のように、繰返しの荷重が作用でき、その回数が正確に読み取れ、破断時に停止する機能の付いた専用の試験機を使用します（なお、試験では、製品に作用する荷重に近い状態が再現できるよう片側方向にのみに作用する片振り、あるいは両方向に作用する両振りのいずれかで行います）。

目的の荷重が、目的の位置に作用するよう試験機に試験片をセットし、試験を開始します（繰り返しの回数や試験片の変化状態を適当な間隔で確認します）。

破断の確認の行い、破断時の繰り返し回数を記録します（破断面をキズつけないよう試験機から試験片を取り外し、目的の評価以外の欠陥が無いかをチェックします）。

図3-32　ねじり荷重の疲労試験状態（インストロン ジャパン カンパニイ リミテッド）

(2) 破断面とS-N曲線

　疲労試験で繰返しの荷重が作用すると、試験片表面の形状の不連続部や微小な欠陥部（表面部に無い場合は、内部の微小欠陥）に荷重が集中して微小な亀裂を発生します。この亀裂は、作用している荷重が小さいため連続的には進まず、いったん停止した状態になります。ただ、その後、連続して作用する荷重の繰り返し回数が最初の亀裂を発生させた回数に近づくと最初の亀裂よりもやや大きい亀裂を発生します。

　このように、順次、亀裂はその大きさを増やしながら広がっていきます。したがって、疲労破壊による破断面は、延性破壊やぜい性破壊したもののように無理やり伸ばしたり引き裂いたりしていないことから、図3-33のように、ツルツルの平坦な破面となります（加えて、破断面積が徐々に増えていくことから、破面に貝殻表面に見られる波紋の詰まった状態から、粗い状態に順次変化していく貝殻状波紋を見せる場合もあります）。

　繰り返し荷重による疲労試験結果では、いろいろの荷重条件で破断する繰り返し回数を求め、その結果を、縦軸に負荷した荷重（応力Sで表示）、横軸に繰返し回数（回数Nで表示）で示した図にプロットし、それぞれの結果を結んだ図3-34のようなS-N曲線で示します。なお、図3-34中のA材料のように、繰り返し回数が無限に近づきS-N曲線が横軸に平行な直線になってくる場合には、その応力条件を疲労限度と呼び、繰り返し荷重に対し安全な応力条件の目安とします。

　一方、図3-34のB材料のように疲労限度が明瞭に表れない材料の場合は、たとえば10^8回で160N／mm^2の応力に耐えられるとしたならば160N／mm^2（10^8）と書き、10^8回に対する疲労強さは160N／mm^2と表示します。なお、いろいろの荷重が作用する自動車部品などでは、できる限り実際に近い荷重状態で試験できるよう試験機を工夫することが望まれます。

ここがポイント！　疲労試験などで、確認される材料の疲労破断面は、面が平坦で滑らかな状態となり、特徴的な貝殻状波紋を見せることもあります。

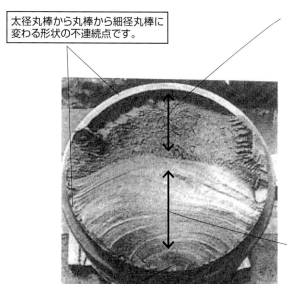

太径丸棒から丸棒から細径丸棒に変わる形状の不連続点です。

疲労破壊の進んだ後、残った断面が繰返しの小さな荷重でも瞬時に引き裂かれ、平坦であってもザラザラのぜい性破壊面で破断しています。

平坦でツルツルした疲労破壊特有の破面です（面には密から粗へ変化する貝殻状波紋が見られます）。

疲労破壊の起点

図3-33　繰り返し荷重による疲労破断面

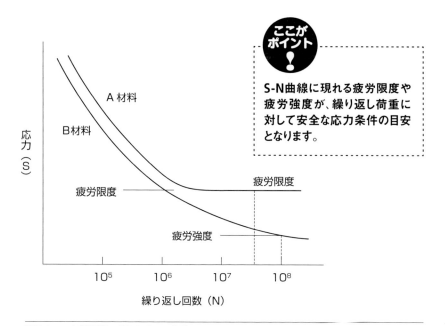

ここがポイント

S-N曲線に現れる疲労限度や疲労強度が、繰り返し荷重に対して安全な応力条件の目安となります。

図3-34　疲労試験で得られるS-N曲線

(3) 試験結果の利用

　実製品で破壊や破損が発生し、その原因の究明や責任の所在、対策などを検証する場合、これまでに示した破断した面の状態からの検証が有効になります。特に、設計上、製作上の問題や使用者の使用状態などいろいろ原因による発生が考えられる疲労破壊では、

①破断が表面の形状不連続部や微小な欠陥部で発生していること。
②破断面が変形せず平坦であること。
③破面内にツルツルの平坦な疲労破面が存在すること（破面に貝殻状の波紋があればより確実）。

の3点から判断でき、原因や責任の所在、対策などの検証ができるようになります。

　製品を使用している時に発生する製品の破壊に「疲労破壊」があり、その破壊の原因には、設計上のミスや欠陥発生など製作上のミス、使用上のミスなどが考えられます。
　したがって、こうした製品の破壊の原因究明には、これまでに示してきたそれぞれの試験で発生する「破壊のメカニズム」や「破壊面の特徴」をよく理解して進めることが大切です。

第4章 溶接検査における不良品の処置

④-① 不合格製品の処置と補修

(1) 不合格製品の処置

製品の品質検査において、製作品がこれまでに示してきた各種の非破壊試験法で不合格品となった場合、できるだけ問題発生の少ない状態で処理するには、①品質等級を格下げした製品として受け取ってもらう、②破棄して再製作を行う、などの方法で対応します。しかし、多くの場合は、溶接などの方法で補修処理が行なわれます。こうした不合格品の取り扱いの流れを示したのが図4-1です。

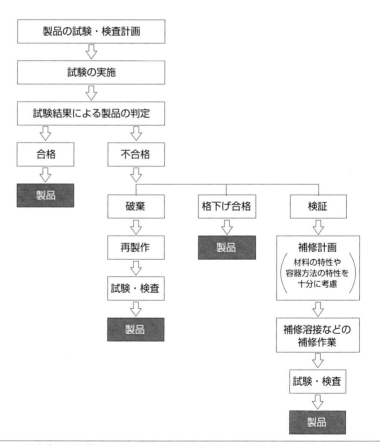

図4-1 不合格品の処置

なお、補修処理での補修溶接では、
①製品状態では多くの制約条件受け、より欠陥を発生しやすい溶接となる。
②補修溶接の熱で、欠陥の拡大や製品素材への悪影響を発生しやすい。
などの問題が考えられます。
　したがって、これらの点に十分注意し、より確実でていねいな溶接が求められることとなります。そのため、以下の①、②を参考に間違いのない補修計画を立て、後に示す具体的な事例を参考に補修溶接を行います。
①発生している欠陥の大きさや発生している位置の情報を正確に把握する。
②使用した溶接方法や素材（特に、分析試験あるいはJIS成分規格表から得た成分組成）と、①の情報から欠陥の種類の見当をつける。

(2) 各種欠陥の補修溶接
①表面の応力集中部の補修

　溶接部の表、裏面ビードの余盛り高さが幅の25％を超えてくると、ビード止端部での形状的な応力集中度が高まり、製品の疲労破壊の危険度を高めます（25％を超えている場合は、超えた部分の余盛りをディスクグラインダなどで除去します）。

　同じように応力集中部となる図4-2に示すビード止端角の大き過ぎるビードやオーバーラップビードは、滑らかな形状に成形するなり、図4-2のように溶接棒を使用しないTIG溶接で滑らかな形状に成形します（こ

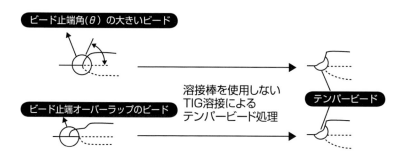

図4-2　テンパービード溶接によるビード止端部形状の改善

うした溶接は、「テンパービード」と呼ばれ、止端部素材の組織の改善効果なども得られ効果的です）。

　また、アンダーカットなどビード止端部での鋭いえぐれ欠陥には、局部的な肉盛り溶接で処置します（この場合、必要な量の肉盛りが確実に行える溶接棒を使用するTIG溶接が有効でしょう）。

②表、裏面近くに発生した割れ、溶け込み不足、融合不良欠陥の補修

　これらの欠陥は、いろいろの荷重に対する製品の強度品質を大きく低下させる危険性があります。したがって、その発生状態（始終端位置と形状、深さ程度）に合わせ、欠陥が確実に除去され（浸透探傷試験などで残存の無いことを確認しましょう）、かつ確実な肉盛り溶接（始端位置では確実な溶け込みが得られ、終端位置では余分な溶け込みを与えない溶接）が行えるよう図4-3のようなR曲面の溝に加工した部分に補修溶接を行います。

③溶接部の内部に発生した割れ、溶け込み不足、融合不良欠陥の補修

　これらの欠陥は、広い断面積で発生していることが多く、衝撃的な荷重や大きい静的な荷重が作用した時の強度品質を左右します。したがって、発生位置、大きを把握し、②の場合と同様、欠陥の除去のための溝加工を行います（この場合、欠陥が内部であることから加工溝が深くなり、肉盛り量の多い溶接になることから、溶接方法や溶接条件の選択を含め

図4-3　表面部の割れ、溶け込み不足欠陥の補修溶接

より慎重な溶接が望まれます)。
④素材の特性を考慮した補修溶接

　鉄鋼材料の補修溶接では、炭素当量に留意した溶接を心がけ、その値によっては予熱や後熱、欠陥始終端部への割れ止め孔加工なども検討します。また、溶接熱による軟化で製品強度が低下するおそれのあるアルミニウム合金などでは、軟化発生対策に加え割れ発生対策なども含めた補修溶接方法を検討する必要があります。

　このように、補修溶接は細心の注意を払って行うとともに、溶接後も溶接部周辺の健全性の確認、補修溶接の記録、補修溶接の対象となった欠陥の再発防止策の確率なども検証しておくことが望まれます。

(3) 補修溶接後の処置

　補修溶接は、いろいろの制約条件を受ける中での溶接となり、通常の溶接より欠陥発生の危険性が高くなります。したがって、補修溶接した製品の溶接部は、あらかじめ定めておいた試験法により十分な再試験を行い欠陥発生のないことを確認します。

　また、検査結果や補修溶接結果は文章などに残し、後の④-②や④-③に示す事例のような再発防止策を確立させていくことが必要となります。

補修溶接は細心の注意を払って行うとともに、溶接後も溶接部周辺の健全性の確認、補修溶接の記録、補修溶接の対象となった欠陥の再発防止策の確率なども検証します。

④-② フラックス入り複合ワイヤ使用半自動溶接での特異欠陥発生防止対策事例

　溶接を利用するものづくりにおいて、溶接欠陥の発生などにより不合格品とされた場合、補修溶接などの方法で目先的な対応で対処することに加え、その発生原因の究明から長期的に安定した品質を保つ方法の確立が重要視されています。

　そのため、①発生する欠陥を非破壊試験などで確認、②発生した欠陥の発生メカニズムを抑え、その対処法を検討、③考えた対処法の効果を確認、改良を加えて製品で許容される発生率までもっていく、といった手順で対処法を確立します。

　本項では、こうした対処事例を、近年、炭酸ガス半自動アーク溶接において広く利用されるようになっているフラックス入り複合ワイヤを用いる「裏当て金あり完全溶込み突合せ溶接の裏曲げ試験片に発生する特異欠陥の改善法」について、その発生条件や発生メカニズムなどから検討した結果について紹介します。

(1) フラックス入り複合ワイヤによる特異欠陥

　図4-4が、フラックス入り複合ワイヤによる裏当て金あり突合せ溶接試験材の裏曲げ試験片に発生した特異欠陥の一例です。欠陥は、ルート部の線上にアンダーカットに似た状態で発生しています。

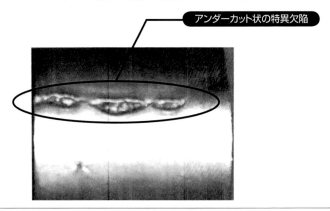

図4-4　裏当て金あり突合せ溶接の裏曲げ試験片に発生した特異欠陥

このようにやや長い欠陥が連続して発生する場合や、点状の欠陥が分散して発生している場合など、いろいろな発生状態で観察されます。

　図4-5は、裏当て金表面ならびにこれに接する試験材ルート部（ルートフェースなし）裏面のスケールを完全に除去して密着性の良い状態でルート間隔4mmの突合せ溶接試験材を作成、これを下向き溶接し、その継手のX線透過試験および溶接状態の確認試験を行った結果です。図4-5(a)のX線透過試験結果では、ルート両側に点在して欠陥の発生が認められます。一方、同図(b)は、この継手の裏当て金を削除した試験材の裏面外観状態です。写真中央の黒い部分が欠陥で、この部分からはフラックスから生成される硬いスラグが確認されています。

　図4-6は、X線透過試験で欠陥発生が認められた部分から、マクロ試験用試験片を切り出し、溶接部のマクロ試験を行った結果です。写真の

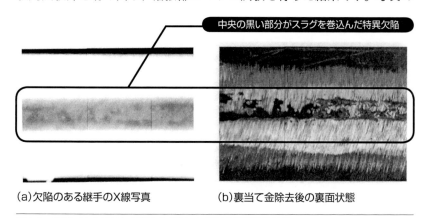

(a)欠陥のある継手のX線写真　　(b)裏当て金除去後の裏面状態

図4-5　裏当て金あり突合せ溶接のX線および溶接確認試験結果

図4-6　特異欠陥を発生した突合せ溶接部のマクロ試験結果

ように、欠陥は裏当て金に接する溶接部ルート端で発生し、やはり欠陥内部には黒いスラグが巻き込まれていました。

これらのことから、フラックス入り複合ワイヤ使用半自動溶接で発生する特異欠陥は、裏当て金上の開先ルート端に発生したスラグ巻き込み欠陥と判断できます。

(2) 特異欠陥が継手性能に及ぼす影響

（1）で紹介したように、複合ワイヤによる裏当て金あり突合せ溶接継手で発生する特異欠陥は、形状的には大きいものの、欠陥の継手性能に及ぼす影響は裏当て金を削除した裏曲げ試験で割れにつながるようなものがほとんど見られていません。そこで、この種の欠陥が継手性能に及ぼす影響を、実構造物での使用状態に近く、しかも欠陥部に対し裏当て金による拘束力が作用するよう、裏当て金を残したままの状態での曲げ試験を試みました。

図4-7がその一例で、欠陥は形状的にはやや大きいものの、滑らかな曲面状の欠陥であり、割れ発生につながることがなく良好な曲げ状態が得られることがわかります。

一方、図4-8は特異欠陥から割れを発生したものの例で、この割れ発生につながった欠陥の形状は、写真に示すように大きさ的には比較的小さいものの、欠陥の立ち上がり角度が大きい欠陥であったことがわかります。

このように、特異欠陥の継手性能に及ぼす影響は、その大きさよりも形状の作用が大きいことがわかります。ただ、非破壊試験でのみ溶接部の評価が行われる場合などでは、この種の欠陥の存在が顕著に認められることから、その発生防止対策が必要となります。

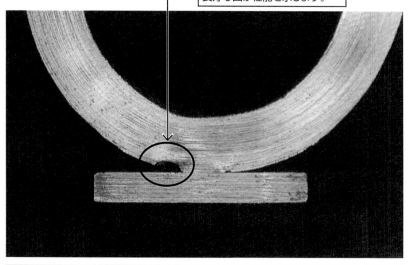

図4-7 継手の裏当て金付き曲げ試験結果(割れ発生なしの場合)

滑らかな局面形状の特異欠陥では、割れを発生することなく良好な曲げ性能を示します。

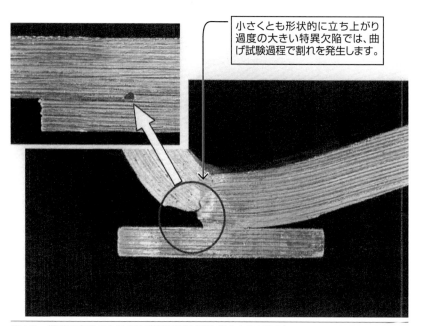

図4-8 継手の裏当て金付き曲げ試験結果(割れ発生ありの場合)

小さくとも形状的に立ち上がり過度の大きい特異欠陥では、曲げ試験過程で割れを発生します。

(3) 特異欠陥発生に対する溶接条件の影響

図4-9は、溶接長さ1mm当りの溶着金属量(Vw)に着目して特異欠陥の発生状況を調べた結果です（ルート間隔4mmの突合せ溶接材をいろいろの条件で溶接することでVwを変化させ、それぞれの試験材の裏当て金を削除した裏面状態を比較して示しています）。図から、基本的にVwの多くなる条件で特異欠陥の発生が顕著となる傾向が認められます。ただ、Vwが同じ35 mm^3/mmの条件では、毎分30 cmの溶接より毎分40 cmの高電流・高速度となる条件の溶接の方が欠陥発生の少ない溶接結果となっています。

図4-10は、図4-9で認められたVwが同じ条件でも高電流・高速度の条件で特異欠陥の発生が少なくなる傾向を、ルート間隔2mmの突合せ溶接材の溶接で検証した結果です。図のように溶接電流200A、溶接速度が30 cmの条件では特異欠陥の発生が認められるのに対し、速度を毎分60 cmの倍の速度に速めたものでは（この場合の溶接電流は300A）特

	表面側溶接状態
Vw=45mm^3/mm (300A,30cm/min)	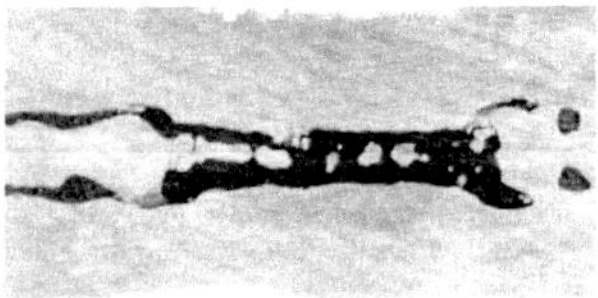
Vw=35mm^3/mm (260A,30cm/min)	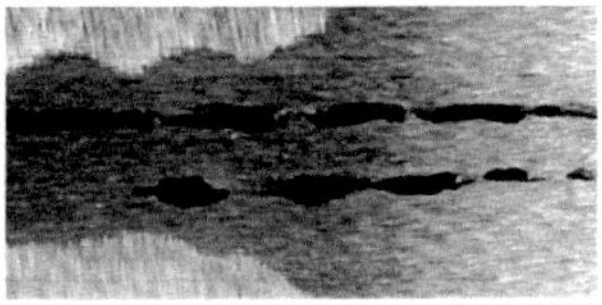
Vw=35mm^3/mm (300A,40cm/min)	
Vw=28mm^3/mm (300A,50cm/min)	

図4-9　ルート間隔2mmの突合せ溶接材の欠陥発生に対するVw条件の影響

異欠陥というよりわずかな溶け込み不足欠陥程度にまで欠陥発生が改善されていることが確認できます。

また、図4-11は、高電流・高速度条件で欠陥発生が少なくなる傾向を、

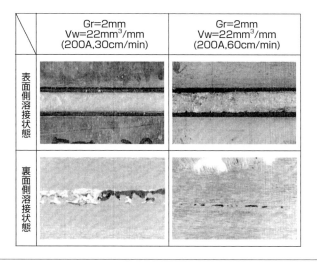

図4-10　ルート間隔2mmの突合せ溶接材の欠陥発生に対する溶接条件の影響（Vw=22 mm³/mm 一定の場合）

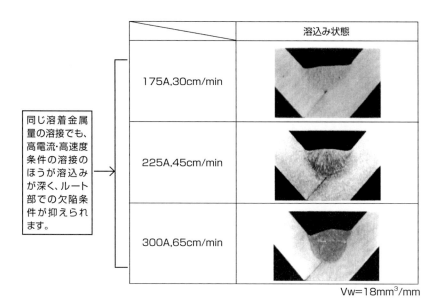

同じ溶着金属量の溶接でも、高電流・高速度条件の溶接のほうが溶込みが深く、ルート部での欠陥条件が抑えられます。

図4-11　下向きすみ肉溶接における欠陥発生に対する溶接条件の影響

下向きすみ肉溶接で検証した結果です。図のようにVwが18mm³/mm一定の3条件で溶接した結果を比較すると、毎分30cmの低速度・低電流の条件ではルート部に溶込み不良欠陥が残るのに対し、高速度・高電流条件になるにしたがい溶接電流が大きくなったことによる溶込みの改善で欠陥発生の危険性が改善されることがわかります。

(4) 特異欠陥の発生メカニズムとその発生の防止策

図4-12は、裏当て金上のルート止端線に沿って発生するスラグ巻き込み状特異欠陥の発生メカニズムを、溶接中にアークを切りその時点でのクレータ形状を観察することで検討した結果です。この種の欠陥発生は、溶接条件による影響も考慮する必要があるものの、基本的には開先に対し癒着金属の多くなるVwの多い条件で顕著となっています。そこで、比較的欠陥の発生が少ない大電流の300A一定で溶接速度を2条件で変化させた場合の、クレータ形状を比較することで発生メカニズムを検証しました。

欠陥発生の認められなかった速度の速い条件でVwを少なくして溶接した(a)の場合では、クレータ部の溶融金属層厚さが薄く、溶融金属が開先壁面ならびに裏当て金によくなじんだ状態で存在しています。

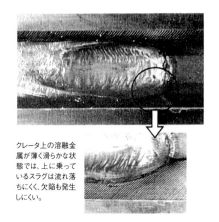
(a)無欠陥の場合
(I=300A, c=40cm/min)

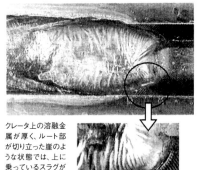
(b)欠陥ありの場合
(I=300A, c=25cm/min)

図4-12 下向きすみ肉溶接における欠陥発生に対する溶接条件の影響

これに対し、欠陥発生の見られた速度が遅いVwの多い(b)の溶接では、溶融池先端で溶融金属がよどみ、溶融金属が切り立った断崖状態で裏当て金に接しているのがよくわかります。特に、ルートの止端部では、開先壁面との間で切り立った崖のようになっています。

　すなわち、こうした状態で存在している開先内クレータ部溶融金属の上に乗った流動性に富むスラグは、(b)のような状態では、溶接トーチの操作ミスなどによる不適切な熱源位置の発生などにより落下し、スラグ巻き込み欠陥を生じさせ特異欠陥の発生につながったと考えられます。

　これらの検討結果から、フラックス入り複合ワイヤ使用の裏当て金あり突合せ溶接を行った場合に発生する特異欠陥発生の防止策には、クレータ内に溶融金属のよどみを生じさせないことが必要で、①溶接前の開先設定では、ルート間隔をできるだけ広く設定する、②溶接電流はできるだけ大きい条件を使用し、高電流・高速度で溶接する、などの方法が考えられます。

　このように、「欠陥の確認－欠陥発生のメカニズムの解明と対処法の検討－対処法の効果の確認」、といった手順により根本的な対策につながる手法を見出せるようになることがわかります。

溶接欠陥の発生などによる不合格品の対処には、再製作や補修などによる目先的な対応も必要ですが、欠陥の発生メカニズムや発生条件などを検証し、長期的に安定した品質を保つ方法の確立も非常に重要になります。

④-③ 鋼構造物の柱梁接合部での欠陥発生防止対策事例

　前の④-②項では、試験片溶接で発生した溶接欠陥に対する対策事例を、①発生する欠陥を非破壊試験などで確認する、②発生した欠陥の発生メカニズムを押さえ、その対処法を検討する、③考えた対処法の効果を確認、改良を加えて製品で許容される発生率までもっていく、といった手順で行った対策事例を紹介しました。

　本項では、阪神大震災で発生した鋼構造物の破壊事例を参考に、その破壊に少なからず関与したと考えられる「溶接欠陥の対策事例」について同様の手法で検討した結果を紹介します。

(1) フラットバー裏当て金溶接の問題点

　阪神大震災で発生した鋼構造物の破壊では、柱梁接合部の裏当て金を用いた下フランジ溶接ルート部からの破壊が報告され、その中に溶接欠陥をともなった破壊も数多く確認されています。こうした裏当て金を用いる工法には、従来から図4-13に示す「フラットバー」と呼ばれる帯板の裏当て金が多く採用されています。

　図4-13は、フラットバー裏当て金を用いる継手の溶接状態で、ルート部は溶接開始直後に瞬間的にアークで直接加熱されるものの、その後は図のようにワイヤ溶融金属がルート部に供給され、ルート部の加熱はこの溶融金属層を介して行なわれます。すなわち、トーチ操作や溶接条件設定を誤った場合の溶接では、ルート部に溶込み不足欠陥を発生させることとなります。加えて、ルート部付近には溶接中に発生したガスも溶融金属によりルート部に封じ込まれ、ブローホール発生の危険性が出てきます。

　図4-14は、フラットバー裏当て金を用いる継手の溶接におけるルート部溶け込みの一例です。写真のように裏当て金は溶けてはいるものの、ルート部は未溶融でルート溶込み不良欠陥となっています。また、継手のＸ線透過試験結果では、ルート部付近に溶接中に発生したガスによると考えられるブローホールの検出されるものも見られます。

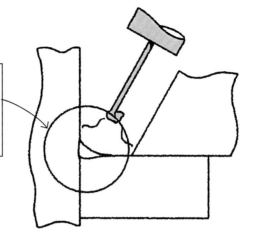

このルート部での溶融金属のたまりが、ルート部での溶け込み形成を阻害し、発生ガスを封じ込めるなどして溶け込み不足欠陥やブローホール欠陥を発生させます。

図4-13　フラットバー裏当て金を用いる継手の溶接状態

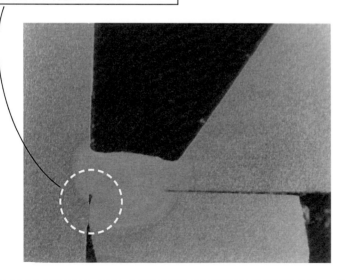

このルート部での溶け込み、垂直材への溶け込みがやや不足しています。

図4-14　フラットバー裏当て金を用いる継手の溶け込み状態

(2) フラットバー裏当て金溶接問題点の解決法

図4-15は、フラットバー裏当て金溶接の問題解決のために考案した溶接線と直角方向に機械加工や成形加工により、ラック状の歯を加工した歯付き裏当て金です。この歯付き裏当て金では、熱容量が少なく溶けやすい歯の先端部分がまず溶融して歯底部に沈み込み、この溶融金属にワイヤからの溶融金属が加わることで適量の溶融金属層となり歯底周辺部の溶融を助けます。

さらに、本来のルート部は、溶融金属の沈みによって固体面が露出し、この部分はアークで直接加熱されて十分に溶融、歯付き裏当て金を用いることで、ルート部での溶込み不足欠陥のない、良好な溶接部が容易に得られるようになります。さらに、ルート部に発生するガスも、加工した溝から抜け出て、ブローホール欠陥防止の効果も得られるようになると考えられます。

(3) 歯付き裏当て金溶接の効果

図4-16は、歯付き裏当て金を用いる溶接で、ルート部が確実に溶融され、良好なルート溶け込みの得られるメカニズムを模式的に示したものです。

歯付き裏当て金では、アークが発生されると熱容量が少なく溶けやすい歯の先端部が溶融して歯底部に沈みます。図4-16では、この歯先端が溶けた溶融金属に、ワイヤの溶融金属が加わることで、二次的なルートとなる歯底ルート部周辺の溶け込みの得られる状態を示しています。さらに、本来のルート部は、図のように溶融金属の沈みによって固体面が露出し、この部分はアークで直接加熱されることで確実に溶融され、本来のルート部での溶込み不良欠陥のない溶接が可能になることがわかります。

図4-17は、歯付き裏当て金を用いた溶接での溶接結果を示すもので、先に述べた歯付き裏当て金ルート部の溶融メカニズムから、本来のルート部となる水平の梁母材裏面と、柱の垂直材の交点位置から深く溶け込み、垂直材への溶け込みも含めフラットバー裏当て金に比べ溶け込みの改善効果が顕著に認められます。

なお、歯付き裏当て金を用いる溶接では、まず歯の部分の溶融金属と初期のワイヤ溶融金属が歯底に供給された後、ワイヤ溶融金属を中心と

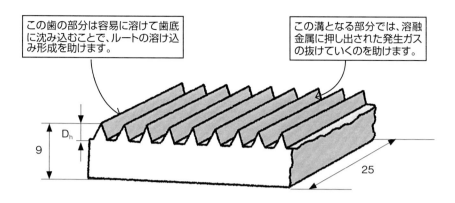

図4-15　問題の解決に考案された歯付き裏当て金

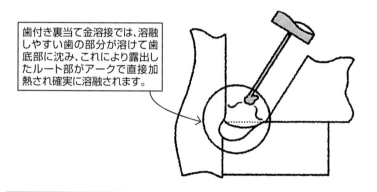

図4-16　歯付き裏当て金溶接でのルートの溶融メカニズム

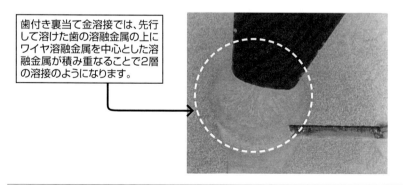

図4-17　歯付き裏当て金溶接でのルート溶け込み

した溶融金属が積み重なる状態で供給されることから、図4-17に見られるような1層の溶接でありながら、2層で形成されている特異な組織状態になることがわかります。

（4）歯付き裏当て金溶接によるルート部組織の改善効果

　歯付き裏当て金を用いる溶接では、1層の溶接部のマクロ組織が2段の層で成り立っていることが観察されています。そこで、こうした組織状態がミクロ組織にどのような変化を生じさせているのを検証してみました。

　図4-18が、歯付き裏当て金溶接で2段の層になった接合部のミクロ組織を通常のバー裏当て金の場合のものと比較したものです。図4-18（a）のバー裏当て金のものでは、ボンド部からほぼ垂直方向に明瞭なデンドライト組織が伸びています。このデンドライト組織は粗く、ビッカース硬さ（Hv）も200程度を示しています。なお、この粗いデンドライト組織は、荷重が作用した場合に変形の集中する黒いスジ先端のルート部でも接する状態で形成されています。

　これに対し図4-18（b）の歯付き裏当て金のものでは、ボンド部上に硬さがHv 160〜165程度に軟らかくなったデンドライト組織が薄く残るものの、その上には硬さがHv155程度の焼きならし作用を受けたと考えられる細粒化された組織層が、さらにその上が通常の硬さに近いデンドライ組織となっています。つまり、マクロ組織で2段に見えた下段の層は、軟らかくなった薄いデンドライト組織と細粒化された組織層のじん性の改善された組織部で、上段の層が通常の硬さに近いデンドライ組織であったことがわかります。

　このように変形の集中しやすいルート部近傍も、歯付き裏当て金溶接部では軟らかく、じん性に富む組織状態に改善されており、じん性面での継手性能改善効果も期待できるのです。

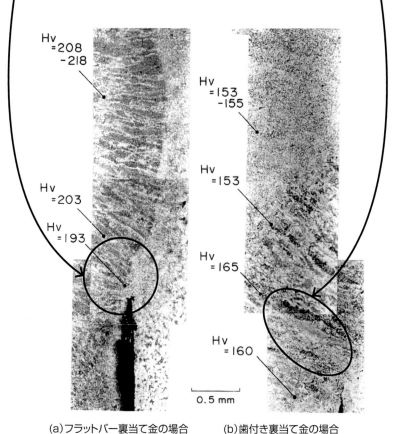

図4-18　歯付き裏当て金溶接によるルート部組織の改善効果

荷重が集中しやすく、破壊発生の起点となりやすいルート部近くの組織は、歯付き裏当て金を用いることで、じん性に富む組織状態に改善されます。

(5) 歯付き裏当て金溶接におけるガス抜き効果

図4-19は、歯付き裏当て金の歯溝からガスの抜け状態を示すものです。この溶接では、溶接中、歯溝から褐色ガスの抜け出る状態が観察され、図4-19のように溶接後は、この部分の母材裏面に抜け出たガスによると考えられる褐色の付着物がスジ状に確認されています。こうしたことから、歯付き裏当て金を用いる溶接では、溶接開始時に開先内に存在する大気や溶接中に発生するガスなどが、歯溝を介して排除されていることがうかがえ、これらのガスによるルート部周辺のブローホール欠陥発生の危険性が低減されることがわかります。

図4-20は、フラットバーおよび歯高さを変えた歯付き裏当て金を用いる突合せ継手の開先面に、防錆ペイントを塗布し、十分養成した後に溶接、このペイントから発生するガスによるブローホールの発生傾向を調べた結果の一例です。溶接は、第1層のみを同一条件で自動溶接を行い、第2層以後は手動の溶接により仕上げています。こうして溶接した試験体は、全線を対象に超音波探傷試験(UT)を行った後、機械加工で垂直材をビード止端近くまで削除して、X線透過試験(RT)を行っています。

なお、RT結果については、組立てタック溶接内に発生したブローホールを検出していることが考えられるため、この部分の一部を機械加工で削除して、欠陥の発生状態を確認、この部分の欠陥数を除いたものを欠陥個数として示しています。また、UT結果については微小欠陥の検出も考慮し、欠陥総長さを全溶接線長さで除した値を欠陥率として求めています。なお、おのおのの図で、歯高さ0の位置がフラットバー裏当て金使用の結果となります。

図4-20からわかるように、UTならびにRTの試験で検出された欠陥の発生傾向はほぼ類似の傾向を示しています。ただ、溶接条件などの影響に着目してみると、①裏当て金の種別と欠陥発生との関係においては全般的な傾向としては歯付き裏当て金の方が欠陥発生率が低く、とくに歯高さが0.75〜1.5mmの条件で欠陥発生率が低くなる、②欠陥の発生する危険性は、トーチ角度が前進角より直角に近い方が少ない、などの傾向が認められます。いずれにせよ、歯付き裏当て金の使用はブローホール欠陥の発生防止に大きな効果のあることが確認できます。

図4-19　歯付き裏当て金によるガス抜き作用

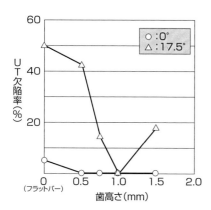
a) フラットバー裏当て金の場合

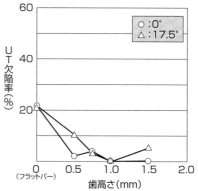
b) 歯付き裏当て金の場合

図4-20　ブローホール欠陥発生率に対する裏当て金の影響

歯付き裏当て金を用いる溶接では、ルート部の溶け込み改善や組織の改善効果に加え、歯溝からのガス抜き効果でブローホールなどの欠陥発生防止効果が得られます。

(6) 歯付き裏当て金溶接の改良

　鋼構造物柱梁接合での裏当て金溶接工法においては、ルート部の溶け込みの改善や欠陥発生の防止、組織の改善などで歯付き裏当て金の使用が有効となることが確認できました。ただ、フラットバーに歯を加工した歯付き裏当て金では、ルート部での溶け込みのさらなる改善や接合部での構成材と裏当て金材との一体化が望まれます。

　そこで、こうした問題の解決のため、裏当て金素材をフラットバーから丸棒に変更することで図4-21(a)に示す楕円形状歯付き裏当て金を製作してみました。この裏当て金を使用した溶接結果が同図(b)で、「目的とした溶け込みの改善や構成材と裏当て金材の一体化の効果」が認められます。

　このように、欠陥の確認-欠陥発生のメカニズムの解明と対処法の検討-対処法の効果の確認と改善、といった手順により根本的な対策につながる手法を見出せるようになることがわかります。

(a)楕円形歯付き裏当て金形状例

(b)楕円形歯付き裏当て金を用いた溶接結果例

図4-21　改良した楕円形歯付き裏当て金と、その溶接結果

参考文献

1)「安田克彦の溶接道場『現場溶接』品質向上の極意」安田克彦著、日刊工業新聞社、2013年
2)「絵とき『溶接』基礎のきそ」安田克彦著、日刊工業新聞社、2006年
3)「目で見てわかる溶接作業―Visual Books」安田克彦著、日刊工業新聞社、2008年
4)「目で見てわかる溶接作業(スキルアップ編)-Visual Books」安田克彦著、日刊工業新聞社2008年
5)「トコトンやさしい溶接の本」安田克彦著、日刊工業新聞社、2009年
6)「トコトンやさしい板金の本」安田克彦著、日刊工業新聞社、2011年

索引

英

JISの材料規格	66
S45C材	69
S-N曲線	116
SPCF材	68
SUS430材	72

あ

アコースティック・エミッション試験	76
厚さ試験	74
圧力変化法	64
粗研磨	84
アンダーカット	9
アンダーカット発生軟鋼溶接部	100
裏ビード外観試験結果	46
裏曲げ試験	46
エージング処理	35
液没法	62
円状欠陥	24
応力検出試験	76
応力ひずみ線図	96
オーバーラップ	10
音波	53

か

加圧法	62
外観試験	18
角状火花	82
ガス孔欠陥	42
過大なろう材の残留	18
可聴音	53
過電流探傷試験	74
ガンマ線	32
吸収エネルギー	112
球状ポンチ	102
鏡面研磨	84
切り欠き状のキズ	20
グラインダ研磨	80
クリープ曲線	107
クリープ現象	107
クリープ特性	107
クロモリ鋼	70
蛍光浸透探傷法	23
欠陥エコー	56
減圧法	63

さ

材料の引張強さ	94
シェブロン模様	112
磁粉探傷試験	28
磁粉探傷試験用線材	30
シャーカステン	38
浸透探傷試験	22
スラグ巻き込み	12
先行ビード	48
線状欠陥	24
測定範囲レンジの設定	58

た

超音波	52
超音波探傷試験器	54
超音波の屈折角	57
低エネルギーX線	32
低炭素ステンレス鋼	71
テンパービード	122
溶け込み不足	12

は

破壊試験	8
歯高さ	138
破断する過程の荷重	94
破断面	116
発泡法	65
張出し試験（エリクセン試験）	102
破裂状火花	82
ビード止端部	122
ビッカース試験	90
ピット	10
引張試験	94
非破壊試験	8
非破壊試験技術者資格	16
火花試験	80
疲労破壊	115
複合ワイヤ	126
腐食（エッチング）	84
フラックス入り複合ワイヤ	124
フラットバー	132
振り子	110
ブローホール	10
変形量の関係	94
放射線透過試験	32
補修溶接	121

ま

マイクロフォーカスX線	34
マクロ試験	83
曲げ試験	42
ミクロ試験	83
密閉容器製品	62
ミルシート	67
もろさ（ぜい性）	110

や・ら・わ

山びこ	53
融合不良	12
溶接欠陥	8
溶接作業	8
溶接ビード余盛りの課題、不足	9
ろう材の流れ込み不足	19
ローラ曲げ試験	98
ロックウェル硬さ試験	90
割れ	10
割れ欠陥	24

著者略歴

安田克彦（やすだ かつひこ）
高付加価値溶接研究所長、職業能力開発総合大学校名誉教授

1944 年	神戸市生まれ
1968 年	職業訓練大学校溶接科卒業後同校助手
1988 年	東京工業大学より工学博士
1990 年	技術士（金属）資格取得
1991 年	職業能力開発総合大学校教授
2002 年	IIW・IWE 資格取得
2005 年	溶接学会フェロー
2010 年	高付加価値溶接研究所長、職業能力開発総合大学校名誉教授

著 書

「板金加工における溶接」マシニスト社、1984 年
「薄板溶接」マシニスト社、1986 年
「絵とき『溶接』基礎のきそ」日刊工業新聞社、2006 年
「目で見てわかる溶接作業―Visual Books」日刊工業新聞社、2008 年
「目で見てわかる溶接作業（スキルアップ編）-Visual Books」日刊工業新聞社、2008 年
「トコトンやさしい溶接の本」日刊工業新聞社、2009 年
「トコトンやさしい板金の本」日刊工業新聞社、2011 年
「安田克彦の溶接道場『現場溶接』品質向上の極意」日刊工業新聞社、2013 年

NDC 566.6

目で見てわかる
良い溶接・悪い溶接の見分け方

定価はカバーに表示してあります。

2016 年 2 月26日 初版 1 刷発行
2022 年12月23日 初版 5 刷発行

ⓒ著者	安田 克彦	
発行者	井水 治博	
発行所	日刊工業新聞社	〒103-8548 東京都中央区日本橋小網町14番1号
	書籍編集部	電話 03-5644-7490
	販売・管理部	電話 03-5644-7410　FAX 03-5644-7400
	URL	https://pub.nikkan.co.jp/
	e-mail	info@media.nikkan.co.jp
	振替口座	00190-2-186076

企画・編集	エム編集事務所
本文デザイン・DTP	志岐デザイン事務所（大山陽子）
印刷・製本	新日本印刷㈱（POD4）

2016 Printed in Japan　　落丁・乱丁本はお取り替えいたします。
ISBN 978-4-526-07516-2　C3053
本書の無断複写は、著作権法上の例外を除き、禁じられています。